环境治理与环境法的更新探析

雍　赟◎著

中国出版集团 ｜ 全国百佳图书
中国民主法制出版社 ｜ 出版单位

图书在版编目（CIP）数据

环境治理与环境法的更新探析／雍赟著．—北京：
中国民主法制出版社，2023.9
ISBN 978-7-5162-3413-6

Ⅰ．①环…　Ⅱ．①雍…　Ⅲ．①环境管理②环境保护法
—中国　Ⅳ．①X32②D922.68

中国国家版本馆CIP数据核字（2023）第186215号

图书出品人：刘海涛
出版统筹：石　松
责任编辑：刘险涛

书　　名／环境治理与环境法的更新探析
作　　者／雍　赟　著

出版·发行／中国民主法制出版社
地址／北京市丰台区右安门外玉林里7号（100069）
电话／（010）63055259（总编室）　63058068　63057714（营销中心）
传真／（010）63055259
http：// www.npcpub.com
E-mail: mzfz@npcpub.com
经销／新华书店
开本／16开　787毫米×1092毫米
印张／11.5　**字数**／200千字
版本／2024年5月第1版　　2024年5月第1次印刷
印刷／廊坊市源鹏印务有限公司

书号／978-7-5162-3413-6
定价／68.00元

前　言

　　环境是人类生存和发展所必需的物质条件的综合体，既是生态系统的有机组成部分，也可以被视为资源的价值利用过程；而环境污染则是资源利用不当而造成的对环境的消极影响或不利于人类生存和发展的状况，在某些条件下，会进一步引发公共安全问题。

　　本书系统论证的统一法律规制下的环境公共治理模式，是因应中国生态环境保护中基本依赖政府行政模式的单一管制性而提出的。主要包括两个部分。第一部分介绍了环境治理的相关概念、原则以及全球治理等方面的内容。第二部分则是对环境法律的实践问题、环境法律的法律适用问题等进行了具体分析，使分析环境问题的法律解决路径更为客观、公正，确保其在法治建设中得以正确运用，发挥积极作用。

　　本书广泛吸收环境社会学、公共管理学等相关学科的新知识、可行范式与方法阐释环境公共治理问题，本书通过考量中国传统环境治理的实践样态与制度缺失，提出了环境公共治理法律制度保障的趋向和理论完善的主要进路。本书在编写过程中，搜集、查阅和整理了大量文献资料，在此对学界前辈、同人和所有为此书编写工作提供帮助的人员致以衷心的感谢。由于编者能力有限，编写时间较为仓促，书中难免有错漏之处，还请广大读者给予理解和不吝指教！

雍赟

2023 年 5 月

目　　录

第一章

绪　论

第一节　环境污染概述

一、环境污染的概念及特点

对"环境"一词的理解，人们通常将环境、自然环境、生态环境、地理环境、自然界等相关词语混用，而本书所指的环境，是指与人类生活密切相关的自然环境。因此，环境污染是指由于人为因素使环境的构成或状态发生变化，自然环境质量下降，从而扰乱和破坏了生态系统、人类的正常生产和生活条件的现象。

环境污染的产生是各种污染因素本身及其相互作用的结果。环境污染的特点可归纳为：

第一，明显的公害性。环境污染一旦发生，不受区域等条件影响，在区域范围内一律受害。

第二，隐秘的潜伏性。有的环境污染不容易被及时发现，具有一定的潜伏隐秘期，一旦爆发后果严重。

第三，影响的长久性。一些污染一旦发生，很难在短期内消除，会持续不断地危害人们的健康和生命。例如，核泄漏发生后所产生的危害会持续几十年甚至上百年。有专家预测，发生在 20 世纪 80 年代的苏联切尔诺贝利核电站爆炸事故的后果将延续 100 年。

第四，分布的不确定性。污染物的排放量和污染因素的强度会随时间及空间位置发生变化。

二、环境污染的分类及危害

（一）环境污染分类

按污染要素，主要分为大气污染、水污染、土壤污染、噪声（音）污染、辐射污染、热污染、农药污染等。

按污染的表现形式，主要分为显性污染、隐性污染等。

按污染的区域，主要分为工业环境污染、城市环境污染、农业环境污染等。

按污染的来源，主要分为化学污染、生物污染、物理污染、固体废物污染、液体废物污染、能源污染等。

（二）环境污染的危害

自然环境本是人类赖以生存的基础，环境一旦被污染，不仅会对环境自身造成危害和影响，而且会对人类的生存造成影响。环境污染给生态系统造成的直接或间接影响主要表现在生态破坏、环境效应等方面，例如，沙漠化、森林破坏等属于环境污染带来的直接的生态系统破坏和影响；还有如温室效应、臭氧层破坏、酸雨等就是由环境污染中的大气污染衍生出的环境效应，这类情况一般被称为间接危害。这种由环境污染衍生的间接环境效应造成的危害和影响有时比直接的危害更大，而且具有滞后性，不易被察觉或预料，一旦发生就说明已经到了相当严重的地步。环境污染无论是直接还是间接地破坏和影响，最后都会涉及人类生产和生活，特别是对生活的影响会更直观，且最容易地表现出来。如，城市空气污染造成空气污浊，人们呼吸道感染的概率会显著上升；水污染使水质恶化，威胁人的身体健康等。一些严重的环境污染事件不仅带来健康问题，也会造成社会稳定问题。

目前，具有全球影响的主要直接污染有大气污染、水污染、土壤污染等。

1.大气污染及其危害

所谓大气污染，一般是指由于人类活动或自然过程中所产生的有害物质排入大气超过一定的限度并对环境或人产生有害影响的现象。大气污染的危害主要表现在以下方面。

（1）危害人体健康。人类的生存及身体健康是第一位的。生命的维持必须呼吸空气，根据科学统计，一个成年人每天大约呼吸 2 万次，吸入空气达 15—20 立方米。因此，被污染的空气直接影响和危害人体健康，主要表现为：呼吸系统受损、生理机能障碍、消化系统紊乱、神经系统异常、智力下降、致癌、致残等。大气中污染物达到一定浓度时，极容易造成急性污染中毒，或使病情恶化，甚至在几天内夺去人的生命。

（2）造成天气及气候异常。大气中的污染物达到一定的浓度时，对天气和气候的影响十分明显，主要表现在：

1）会减少到达地面的太阳辐射量。向大气中排放的大量烟尘微粒，使空气变得非常浑浊，遮挡了阳光，使得到达地面的太阳辐射量减少，影响动植物生长。

2）会增加大气降水量。从大工业城市排出来的微粒，其中有很多可以形成水汽凝结核，从而导致气候异常。

3）会下酸雨。大气中的污染物二氧化硫经过氧化形成硫酸，随雨水下落而形成酸雨。酸雨能使大片森林和农作物毁坏，能使纸品、纺织品、皮革制品等腐蚀破碎，能使金属的防锈涂料变质而降低保护作用，还会腐蚀、污染建筑物等。

4）会产生热岛效应，增加大气温度。由于大量废热排放到空中，因此，城市近地面空气的温度比四周郊区要高一些。

5）会产生"温室效应"，影响全球气候。大气中的二氧化碳含量增加，气温上升，若干年后会使南北极的冰融化，导致全球的气候异常。

（3）会对植物生长造成危害。二氧化硫、氟化物等大气污染物会对植物生长产生危害。严重时会使植物叶表面产生伤斑，或者直接使叶片枯萎脱落等。

2. 水污染及其危害

所谓水污染，是指水体因有害物质的介入致使某方面特性发生改变，造成水质恶化，从而危害人体健康或者破坏生态环境的现象。水污染造成的影响和危害主要有：

（1）对人们生活的影响及身体的危害。人类饮用污染过的水源后，会使人急性或慢性中毒。饮用被寄生虫、病毒或其他致病菌污染的水，会引起多种传染病和寄生虫病等。世界上80%的疾病与水有关，均由水的不洁引起。同时，水污染对人们的生活也造成较大影响。

（2）水的富营养化。在正常情况下，氧在水中有一定溶解度，溶解氧是天然水体具有自净能力的重要原因。如果含有大量氮、磷、钾的生活污水随意排放，大量有机物在水中降解释放出营养元素，就会造成水的富营养化。水的富营养化，会促进水中藻类丛生，致使溶解氧下降，甚至出现无氧层，导致水生植物大量死亡，细菌丛生。

（3）对工农业生产的危害。水质被污染后，对工业用水，特别是对要求更高的食品工业用水带来了巨大的影响，严重的会直接导致相关企业停产。海洋污染的后果也十分严重，如海洋石油污染会造成海鸟和海洋生物死亡。

3. 土壤污染及其危害

土壤污染是指当土壤中含的有害物质超过土壤的自净能力，就会引起土壤的组成、结构和功能发生变化，并通过间接方式被人体吸收，危害人体健康。土壤污染物大致可分为无机污染物和有机污染物两大类。无机污染物主要包括重金属、酸、碱、盐类，以及含砷、硒、氟的化合物等；有机污染物主要包括有机农药、酚类、氰化物、合成洗涤剂，由城市污水、污泥带来的有害微生物等。

土壤污染危害不是土壤直接对人体造成伤害，而是间接地通过生长在被污染土壤中的植物吸收有害物质，最后通过食物链进入人体，以致危害人体健康。土壤污染危害的最大特点是一旦土壤受到污染，特别是受到重金属或有机农药的污染后，其污染物是很难消除的。

三、我国环境污染现状

近年来，我国环境保护工作取得了举世瞩目的进展，在环境污染治理方面取得了显著成效。2016 年国务院印发的《"十三五"生态环境保护规划》回顾了"十二五"期间的环境保护与污染防治的成效，到 2015 年，全国脱硫、脱硝机组容量占煤电总装机容量的比例分别提高到 99%、92%，完成煤电机组超低排放改造 1.6 亿千瓦。全国城市污水处理率提高到 92%，城市建成区生活垃圾无害化处理率达到 94.1%。7.2 万个村庄实施环境综合整治，1.2 亿多农村人口直接受益。6.1 万家规模化养殖场（小区）建成废弃物处理和资源化利用设施。"十二五"期间，全国化学需氧量和氨氮、二氧化硫、氮氧化物排放总量分别累计下降 12.9%、13%、18%、18.6%，治污减排目标任务超额完成。但是，当前我国环境问题仍然是决胜全面建成小康社会的突出短板，环境污染问题仍十分严重，污染物排放量大，面积广，环境污染重。我国化学需氧量、二氧化硫等主要污染物排放量仍然处于 2000 万吨左右的高位，环境承载能力超过或接近上限。78.4% 的城市空气质量未达标，公众反应强烈的重度及以上污染天数比例占 3.2%，部分地区冬季空气重污染频发、高发。饮用水水源安全保障水平急需提升，排污布局与水环境承载能力不匹配，城市建成区黑臭水体大量存在，湖库富营养化问题依然突出，部分流域水体污染依然较重。全国土壤点位超标率达 16.1%，耕地土壤点位超标率达 19.4%，工矿废弃地土壤污染问题突出。城乡环境公共服务差距大，治理和改善任务艰巨。同时，根据生态环境部公布的《2017 中国生态环境状况公报》，空气质量不容乐观，大气污染防治形势仍然严峻。例如，2017 年全国338 个地级及以上城市中，只有 99 个城市的环境空气质量达标，占全部城市数的 29.3%；有 239 个城市的环境空气质量不达标，占 70.7%。据中国社会科学院公布的一项报告表明：中国环境污染的规模居世界前列。尤其水污染、大气污染、土壤污染等较为严重，我国环境污染呈现出以下特点。

（一）污染范围广

从环境污染的地域来看，已经从经济发达的东部地区和南部地区向中西部地区和北部地区迅速蔓延至全国。进入 21 世纪，特别是党和国家实施西部大开发以来，中西部地区加大了开发力度，低端产业向中西部转移，西部地区在实现经济快速增长的同时，虽然党和国家非常重视西部开发过程中的环境保护，但是一些地方在利益驱动、不科学的政绩观等因素的影响下，环境污染问题也凸显出来。环境污染问题不是某一区域的单一问题，而是全国性的普遍问题。近年来，西藏、青海等西部地区，随着旅游业的发展，由于管理不善等因素影响，环境污染问题也不断产生。

（二）污染空间广

我国环境污染从空间分布看，从天空到海洋，从陆地到河流，从地表到地下，无论是空气、水源还是土壤，都存在被污染的状况。

1. 大气污染现状

城市大气污染是当前大气污染的主体，尤其近年来持续发生在北京等大城市中的雾霾天气，对生产、生活及人们的身体健康都造成了严重影响。

2. 水污染现状

我国水域面积大，各大水系水质虽有一定程度的改善，但水污染的状况仍然存在。根据生态环境部发布的《2017 中国生态环境状况公报》，2017 年我国淡水流域，包括长江、黄河、珠江、松花江、淮河、海河、辽河七大流域和浙闽片河流、西北诸河、西南诸河的 1617 个水质断面中，工类水质断面 35 个，占 2.2%；Ⅱ类 594 个，占 36.7%；Ⅲ类 532 个，占 32.9%；Ⅳ类 236 个，占 14.6%；Ⅴ类 84 个，占 5.2%；劣 Ⅴ 类 136 个，占 8.4%。与 2016 年相比，Ⅰ类水质断面比例上升 0.1%，Ⅱ类下降 5.1%，Ⅲ类上升 5.6%，Ⅳ类上升 1.2%，Ⅴ类下降 1.1%，劣 Ⅴ 类下降 0.7%。西北诸河和西南诸河水质为优，浙闽片河流、长江和珠江流域水质为良好，黄河、松花江、淮河和辽河流域为轻度污染，海河流域为中度污染。

从 2018 年 8 月生态环境部通报全国集中式饮用水水源地环境保护专项行动进展看，水源保护区内存在的环境问题主要包括：生活面源污染、工业企业排污、农业面源污染、旅游餐饮污染等问题，分别占问题总数的 27%、16%、16%、14%。

3. 土壤污染现状

根据环境保护部、国土资源部 2014 年 4 月 17 日公布的《全国土壤污染调查公报》，全国土壤环境状况总体不容乐观，部分地区土壤污染较重，耕地土壤环境质量堪忧，工矿业废弃地土壤环境问题突出。工矿业、农业等人为活动及土壤环境背景值高是造成土壤污染或超标的主要原因。全国土壤总的超标率为 16.1%，其中，轻微、轻度、中度和重度污染点位比例分别为 11.2%、2.3%、1.5% 和 1.1%。污染类型以无机型为主，有机型次之，复合型污染比重较小，无机污染物超标点位数占全部超标点位数的 82.8%。从污染分布情况看，南方土壤污染重于北方；长江三角洲、珠江三角洲、东北老工业基地等部分区域土壤污染问题较为突出，西南、中南地区土壤重金属超标范围较大；镉、汞、砷、铅 4 种无机污染物含量分布呈现从西北到东南、从东北到西南方向逐渐升高的态势。

第二节　环境污染治理

一、环境污染治理概述及特点

所谓环境污染治理，一般是指从整体出发，通过对环境污染问题进行综合分析，在环境质量评价、制定环境质量标准、拟定环境规划的基础上，采取防治结合、人工处理和自然净化结合等措施，以技术、经济和政策法制等手段，控制和改善环境质量。环境污染治理具有以下特点：

第一，范围的整体性。主要综合考虑一个区域整体环境而不是局部的点源污染防治。

第二，对象的多样性。主要综合考虑大气、水体、土壤等环境要素，而不是着眼于某种环境要素。

第三，目标的多元性。主要综合考虑资源、经济、社会、生态和人体健康，而不是局限于单一目标。

第四，方法的综合性。主要采用防治结合、人工治理与自然净化结合、技术与经济结合等方法，而不是单靠某一种方法。

二、国际环境污染治理

几乎每一个国家在工业化进程中都遇到过环境污染问题。从 18 世纪下半叶起，经过整个 19 世纪到 20 世纪初，英国、美国及日本等国相继走上了工业化道路。在西方国家纷纷实现工业化的过程中，伴随煤炭、冶金、化学等重工业的建立和发展，以及城市化的推进，都先后出现了烟雾中毒及水严重污染等环境污染事件，如，英国的煤烟污染，美国的工业中心城市煤烟污染，德国工业区河流变成了污水沟。而且更严重的是，西方国家相继发生了多起严重的污染公害事件，如，1943年洛杉矶首次发生的光化学烟雾事件，第一次显示了汽车内燃机所排放气体造成的污染与危害的严重性。自20世纪50年代起，世界经济由第二次世界大战后恢复转入发展时期。西方大国竞相发展经济，工业化和城市化进程加快，经济持续高速增长，但这也使得工业生产和城市生活的大量废弃物排向土壤、河流和大气之中，最终造成环境污染的大爆发，全球环境危机开始威胁人类的生存与安全。

1962年，美国蕾切尔·卡逊出版了著名的科普著作《寂静的春天》，首次唤醒了热衷于经济增长而不顾环境承载力的人们，开始反思经济发展与环境保护的关系。1972年，罗马俱乐部发表《增长的极限》一文，对西方国家的高消耗、高污染的经济发展模式提出了质疑，对人类社会的传统发展模式敲响了警钟，从而掀起了世界性的环境保护热潮。1972年6月，联合国在瑞典斯德哥尔摩召开"人类环境会议"后，环境保护及其治理首次受到西方国家的重视及认可。对环境开始认真治理，将经济增长、合理开发、综合利用资源、加强环境保护、防治环境污染、加强环境污染治理等作为工作的重点。20世纪70—80年代，西方发达国家在环境污染防治方面不断加大力度，重视环境规划与管理，制定各种严格的法律条例，采取强有力的措施，控制和预防污染，努力净化、绿化和美化环境。同时，加大环境保护投资，如美国、日本的环境保护投资占国民生产总值的1%—2%，到20世纪80年代，西方国家基本上控制了污染。1992年6月，联合国环境与发展大会在巴西里约热内卢召开，会议正式否定了工业革命以来的"高生产、高消费、高污染"的发展模式，标志着世界环境保护工作从着重污染防治阶段迈入协调推进人类发展与社会进步的新阶段，经济发展与环境保护相协调的主张成为人们的共识，"环境与发展"则成为世界环境保护工作的主题。

回顾近代工业化以来世界发展的进程，环境污染防治始终伴随这一进程，西方发达国家在环境治理及污染防治方面也探索了有效的成功经验。

（一）英国模式：利用政策导向与技术协同科学治污

第一次工业革命促进了英国钢铁、煤炭、化工等行业的繁荣，推动了经济社会发展。与此同时，也带来非常严重的土壤及地下水污染等问题。从20世纪中叶开始，英国就陆续制定相关的污染控制和管理的法律法规，从政府管理的角度构建污染治理政策体系。

特别值得一提的是，英国对泰晤士河污染的治理，从管理到技术的协作，有了良好成效。首先，成立了治理专门委员会和水务局（公司）专门机构，对泰晤士河整个流域进行统一规划与管理，提出水污染控制政策法令。1850—1949 年，英国政府主要是建设城市污水排放系统和河坝筑堤，防止对泰晤士河的持续污染，这是第一次从基本建设着手对泰晤士河进行治理。从 1950 年开始至今，英国对泰晤士河进行了第二次污染防治，采取的举措主要是：重建和延长了伦敦的下水道；建设大型城市污水处理厂，加强工业污染治理；对河流直接充氧等治理水污染。这一阶段，相关科学研究成果为水务局制定合理的、符合生态要求的治理目标提供了科学的依据；同时，根据水环境容量分配排放指标及时跟踪监测水质变化。经过长达 100 多年的综合治理，泰晤士河已成为国际上治理效果最显著的河流，也成为世界上最干净的河系之一。

（二）日本模式：立法推动污染防治

日本对污染的防治也是始于环境污染带来的巨大损害，1968 年的"痛痛病"事件直接导致了 1970 年《农业用地土壤污染防治法》的出台。事实上，日本"痛痛病"的发现远早于 20 世纪 60 年代。其最早报道见于 1911 年的《富山日报》，此后由于第一次世界大战、第二次世界大战和朝鲜战争，铅、锌等重金属需求的急剧增加，矿山开采力度加大，更多的镉流入河流和稻田，导致该病的发生。从早期出现在个别家庭发展到村庄中 20% 生育过的老年女性患病，对该病的认识也经历了从早期的"诅咒病"到"风土病"、环境病，再到公害病的变化。1968 年，日本政府认定了"痛痛病"是由重金属镉所引起，其后虽然采取了种种措施，但到 2004 年依然有 3 位女性被认定患有"痛痛病"。从 1911 年到 2004 年，"痛痛病"在日本的历史跨度近一个世纪。

同样，1975 年，日本东京地区发生大量六价铬土壤污染事件，后逐渐演化成严重的社会问题，进而引起全社会对"城市型"土壤污染的关注。由此，2002 年 5 月，日本先后发布了《土壤污染对策法》《土壤污染防治法实施细则》《大气污染防治法》《Dioxine 类物质特别对策法》《水质污染防治法》《废弃物处理法》《化审法》《肥料取缔法》《矿山保安法》等，通过法律强制控制污染，实现土壤污染防治的目标。

从 20 世纪 60 年代起，日本开始针对水污染问题制定了一系列法律，如《控制工业排水法》《水质污染防治法》《湖泊水质保全特别措施法》等，并建立了信息公开和居民查询制度，初步构建水污染防治的法律制度体系。

（三）德国模式：科学评估，有效预防

德国的工业化进程，致使 15%—20% 的土地被怀疑可能受到污染。为加强土壤保护，德国政府主要是以科学评估为导向，通过精密计算设计了一套三级指标来评估土壤风险：绿色线上主要是预防土壤恶化；黄色线上是要发出警告；红色线上是要对污染必须进行清

理，不断构建完善土壤保护的政策体系。

三、国内环境污染治理

由于我国面临严峻的环境形势，近年来，党和国家加大环境保护与治理的力度。特别是党的十八大以来，我国各类环境污染治理的政策及执行力度是前所未有的，率先发布《中国落实 2030 年可持续发展议程国别方案》，实施《国家应对气候变化规划（2014—2020 年）》。从政策制定到实践的效果来看，自 2012 年以来，一系列制度政策的出台，特别是加大对制度政策执行的督查，环境污染治理成效十分明显。

（一）责任落实到位，严肃追责问责

2012—2017 年 5 年间，针对一些地方履职不到位、环境持续恶化等问题，环境保护部公开约谈 42 个市（州、县），4 家大型企业；各省级环保部门公开约谈 64 个市县政府，对 25 个市县实施区域环评限批。对环境保护落实不力的典型对象进行严肃追责。

（二）加大执法检查，查处环境违法案件

为加强对环境问题整治的督察督办，2013—2017 年间，环境保护部等八部委在全国深入开展整治违法排污企业保障群众健康环保专项行动，全面查处环境违法问题，查处各类环境违法企业，挂牌督办突出环境违法案件，解决了一批影响群众健康的环境问题。同时，中央环保督察巡视已覆盖全国 23 个省份。环保系统集中对钢铁、水泥、平板玻璃等行业和城镇污水处理厂开展环境保护专项执法检查。仅 2016 年，就对 561 家次环境违法企业进行了处罚（其中，水泥企业 77 家、平板玻璃企业 27 家、钢铁企业 248 家、城镇污水处理厂 209 家）。

（三）出台举措，加大工作力度

2012—2017 年，随着大气、水、土壤污染防治三大行动计划陆续出台，重点领域、重点区域污染防治战役同时打响，特别是京津冀及周边地区大气污染防治督查全面强化并取得了一定的成效。与 2013 年相比，2016 年京津冀地区 PM2：平均浓度下降了 33%、长三角区域下降了 31.3%、珠三角区域下降了 31.9%。逐月进行水环境形势分析，开展长江经济带大保护、京津冀区域水污染防治、农村环境综合整治和近岸海域污染防治等行动。启动土壤污染状况详查，建立国家土壤环境质量监测网。

为进一步改善城乡环境状况，抓住城乡环境整治重点，全面开展城市黑臭水体整治，加快淘汰黄标车和老旧车，全面实施第五阶段机动车排放标准和清洁油品标准。建成重点污染源监控体系，对重点企业主要排污行为实行 24 小时在线监控。国家环境空气质量监

测网覆盖全国 338 个地级及以上城市。

第三节　环境治理政策体系

一、我国环境治理政策概述

（一）政策的含义

政策有广义和狭义之分。广义上的政策是指包含国家和政党对自己所从事的事业的全部主观指导体系，如纲领、路线、战略、策略等；狭义上的政策是指按纲领、路线及任务要求，用以调整各种关系，调动各种积极因素的指导原则和手段。狭义的政策又有总政策和各项具体政策之分。本书主要是指狭义上的政策。

（二）环境治理政策

我国环境政策自 20 世纪 70 年代初起步以来，随着环境问题的发生而不断发展。在环境政策的指导下，中国在探索实践中走出了一条独具特色的环境治理之路。这其中，作为环境治理核心要素之一的环境政策是关键维度。分析中华人民共和国成立以来，特别是改革开放以来的环境政策变迁，直面当下环境治理面临的问题和挑战，打赢党的十九大确定的污染防治攻坚战，对加快推进美丽中国建设具有重要的理论价值与现实意义。

环境治理，政策工具是关键。澳大利亚学者欧文·E.休斯将政策工具定义为："政府的行为方式，以及通过某种途径用以调节政府行为的机制。"环境政策工具是政策工具的一种，是指公共政策主体为解决特定的环境问题或实现一定环境治理目标而采用的各种手段的总称。

当前，环境政策工具主要分为命令强制型政策工具、经济激励型政策工具及社会自愿型政策工具三种。针对不同的环境问题，现在环境政策涉及范围比较广泛，数量多。学术界对环境政策的研究从 20 世纪 90 年代开始，取得了一批有价值的学术成果，基本形成了四种分析思路：一是通过引进西方学界主流的经济分析模式，构建政策模型，着重探究环境政策的投入成本与经济效益；二是侧重比较分析，将 20 世纪 60 年代以来欧洲、美国、日本等发达国家及地区的环境政策进行总结和对比，思考这些政策对我国环境保护实践的理论指导与经验意义；三是注重我国环境保护政策理论与实际问题的研究，探讨环境政策的演变、实施效果、政策工具及现实问题；四是制度环境分析，研究分析我国环境治理的各种影响因素，包括条块结构、官员激励与考核问责机制等问题，尤其重视地方环境治理的困境分析。还有学者具体研究大气污染、水污染等方面的政策效果及对企业的影响，特别关注了征收能源税及节能政策的应用等方面。

结合学术界的研究成果及中华人民共和国成立以来环境政策的发展完善，环境政策表现出如下阶段特点。

第一，环境政策起步受国际环境问题与国内环境问题加剧的双重因素影响（1972—1978 年）。1972 年，我国政府首次派代表团参加联合国在斯德哥尔摩召开的第一次人类环境会议，由此，我国政府开始着手思考环境污染治理问题。1973 年 8 月，国务院组织召开首次全国环境保护大会，并制定了我国第一份环境保护政策文件《关于保护和改善环境的若干规定（试行草案）》，对加强土壤和植物保护、加强水系和海洋管理、植树造林与绿化祖国、认真开展环境监测等十个方面作出了规定。1974 年 5 月，国务院成立了环境保护领导小组，主要负责组织协调、检查和推动我国的环境保护工作。1977 年 4 月，国家计划委员会、建设委员会和国务院环境保护领导小组联合发布了《关于治理工业"三废"开展综合利用的几项规定》，着手开展污染防治工作。这一时期，我国环境政策的法制建设也开始起步，1978 年 3 月 5 日，中华人民共和国第五届全国人民代表大会第一次会议通过的《中华人民共和国宪法》第十一条第三款规定：国家保护环境和自然资源，防治污染和其他公害。

第二，环境政策法规体系不断建立（1979—2001 年）。1979 年，《中华人民共和国环境保护法（试行）》通过，这是我国第一部关于保护环境及防治污染的综合性法律，是环境政策法规体系的重要制度基础，我国环境保护与治理进入法制轨道。1981 年 4 月，国务院出台《关于国民经济调整时期加强环境保护工作的决定》，要求对自然环境等加强管理和监督。1983 年，第二次全国环境保护大会召开，环境保护被确立为一项基本国策。1984 年，国务院出台《关于环境保护的决定》，更加重视和加强环境保护事业。1985 年，在河南洛阳召开全国城市环境会议，提出"综合整治"的环境管理思想。1989 年第三次全国环境保护大会通过了环境保护三大政策和环境管理八项制度，三大政策主要指：预防为主、谁污染谁治理、强化环境管理。环境管理八项制度主要指：建设项目环境影响评价、"三同时"制度、排污收费制度及新的五项管理制度，环境管理走上了规范化的轨道。1992 年,《环境与发展十大对策》《中国 21 世纪议程》《中国环境保护行动计划》相继出台，确定了国家可持续发展战略，环境统计数据也首次列入国民经济和社会发展统计公报，这是我国环境保护事业的重要突破。这一时期,《水污染防治法》《大气污染防治法》及《森林法》《草原法》《水法》《水土保持法》等法律颁布。

第三,环境政策与经济社会发展相适应(2002—2011年)。2002年第五次全国环境保护大会明确提出,要按照社会主义市场经济的要求,动员全社会的力量做好环保工作。2003年,党的十六届三中全会提出了科学发展观。2005年,十六届五中全会提出了建设资源节约型与环境友好型社会。2006年,第六次全国环境保护大会提出必须把环境保护摆在更加重要的战略地位。2007年,党的十七大提出建设生态文明社会。从以上可以看出,党和国家对经济社会的发展规律认识更加深刻,对环境保护与污染防治更加重视,生态文明已开始从理念到实践,与生态文明相适应的新的发展模式已在全社会得到普遍认同并推广实施。同期,关于环境保护与污染防治的相关法律制度进一步完善,《清洁生产促进法》《环境影响评价法》《放射性污染防治法》《可再生能源法》《循环经济促进法》陆续出台。

为进一步推进环境保护与污染防治,国家相继实施了有关政策,制定了相关制度。如,2002年特许经营制度、2004年开始推行的脱硫电价政策、2011年的脱硝电价政策等。税收方面,对节能环保企业实行所得税"三免三减半",对污水、再生水、垃圾处理行业免征或即征即退增值税,对脱硫产品增值税减半征收,对购置环保设备的投资抵免企业所得税等。在投资方面,2007年实施"绿色信贷"政策。上述政策及有关制度的实施,开辟了环境治理市场化新路。到2011年,第七次全国环境保护大会明确提出环境保护"一票否决"制。

第四,环境政策体现了惩治与预防的结合(2012—2018年)。2012年,党的十八大召开,生态文明建设被纳入五位一体的总体布局,围绕生态文明建设,环保立法、行政法规、政策文件密集出台,在环保立法方面,与之密切相关的2014年新修订的《中华人民共和国环境保护法》通过,2015年新修订的《中华人民共和国刑法》明确了污染环境罪等条款,2016年《环境影响评价法》修订实施,基本实现了从"先污染后治理"到"先评价后建设"转变,更加重视和强调环境保护预防在先的原则。在行政法规与政策文件方面,资源产权、生态红线等制度纷纷出台,《党政领导干部生态环境损害责任追究办法(试行)》《绿色发展指标体系》《生态文明建设考核目标体系》及《关于全国环境宣传教育工作纲要(2016—2020)》等纷纷施行,严格的法律制度、科学的政策文件、多元的参与主体,环境治理及污染防治的新格局正在形成。

(三)环境治理政策的特征

环境政策既包括环境保护方面的政策,也包括环境污染防治政策,中国环境治理起步较晚，在不同发展阶段制定的政策各有侧重，并且都起到了积极的作用。总体而言，我国在环境治理政策制定与实施过程中，积极吸取西方发达国家在环境治理方面的经验教训，我国环境治理政策表现出以下特点。

1. 政策的强制性

任何环境污染乃至环境公害的发生，往往都是为了自身的利益而不惜以牺牲环境为代价，要么缺乏事前的环境影响评价，要么就是缺乏事中的监管。因此，无论是"三同时"制度的推出，还是严格的法律出台，都体现了环境污染防治政策的强制性。按环境保护的要求开展说服教育，引导环境保护相关措施适应社会经济发展，但实践表明，在利益面前要遏制住环境污染，还得需要政策的强制性介入。例如，环境污染申报及许可制度、环境影响评价制度、限期治理制度、总量控制制度及环保督察制度等，对污染防治起到了重要的影响和积极作用。同时，提高环境保护部门的行政级别，完善其职能，也体现了政策强制性的另一方面。

2. 政策的责任制

包括环境保护与污染治理政策在内的环境政策，都充分体现了责任制的落实。首先体现为管理责任，各级政府应当承担污染防治与环境保护责任，环保部门作为各级政府的环境行政主管部门，应当承担直接责任。2014年新修订的《中华人民共和国环境保护法》第六条规定："一切单位和个人都有保护环境的义务。地方各级人民政府应当对本行政区域的环境质量负责。企业事业单位和其他生产经营者应当防止、减少环境污染和生态破坏，对所造成的损害依法承担责任。公民应当增强环境保护意识，采取低碳、节俭的生活方式，自觉履行环境保护义务。"这就从法律上明确了政府部门、企事业单位和其他生产经营者、公民个人关于环境保护与污染防治中的责任与义务。同样，在1992年的《中国环境与发展十大对策》中，也明确了各级政府保护环境的责任。特别是党的十八大以来，一些地方推行了环境审计，作为政府部门官员离任或提拔审计的内容，进一步落实了环境保护与污染治理责任。

3. 政策的可持续

无论是环境保护还是污染治理政策，都非常鲜明地体现了可持续的指导思想。中国环境政策制定的背景正是基于国际社会对环境问题的关注、可持续发展的重视以及我国所面临的现实环境问题，因此，我国的环境政策总体上坚持了可持续发展的理念。如，1973年第一次全国环境保护大会就确定了"全面规划，合理布局，综合利用，化害为利，依靠群众，大家动手，保护环境，造福人民"的理念。在实施过程中，也十分注重做好规划布局、执行环境评价、"三同时"和"排污许可证"等制度，体现了主动控制污染源头，而不是被动治理末端污染。因此，以可持续发展为统揽，大力发展"循环经济""低碳发展"，与建设"资源节约型社会""环境友好型社会"也都是紧密相关的。例如，国家还陆续出台了《节约能源法》《清洁生产促进法》和《可再生能源法》等。

4. 政策的开放性

中国环境保护与污染治理政策的制定始终与国际社会对环境问题的关注和重视保护一致，充分体现我国在环境问题的开放合作思路。例如，1972 年中国代表团出席联合国人类环境会议，带回了全球环境浪潮中的大量信息与资料，有关的公害案例与环境政策引起了国家的重视。"污染者付费"原则、环境影响评价、排污收费等重要环境污染治理的相关政策也随着社会的不断发展在我国相继实施。党的十八大以来，我国大力推进人类命运共同体的构建，要增进与其他国家政府、国际机构以及非政府组织开展环境领域的合作，积极参与国际环境事务及全球污染的共同治理，共建美好生存家园，为我国环境污染治理政策的制定进一步打下开放的国际基础，有力地促进我国环境政策体系的不断完善。

二、发达国家环境污染治理政策及经验启示

（一）发达国家大气污染治理政策及经验启示

1. 美国的大气污染治理

20 世纪初的美国，工业、交通迅速发展，造成了严重的环境污染问题，其中，以大气污染问题最为严重。世界八大公害有两个都发生在美国且均为大气污染事件。为了解决大气污染问题，美国联邦政府以建立健全法律制度为基础，不断完善大气污染防治的政策体系。相继出台了多部法律，如，1960 年《空气污染控制法》，1963 年《清洁空气法》，1965 年《机动车空气污染控制法》，1967 年《空气质量法》等。可是上述法律都没能有效地控制大气污染，提高空气质量，其中最主要的原因之一是没有从政策的角度建立一个行之有效的跨区域的管理体制。

为了改变这一现状，发挥政策优势，1970 年，美国联邦政府对《清洁空气法》进行修正，以法律的形式加强了联邦政府在大气污染治理中的权力和责任。由设立的美国国家环保局（以下简称 EPA）统一负责环境污染防治。具体操作上，EPA 以地理和社会经济为依据，将全国划分为 10 个地理区域，每个区域建立一个区域办公室。区域办公室与州进

行合作，共同处理跨区域大气污染问题。区域办公室主要职责是加强各州的交流合作，保障联邦法律在区域内得到实施。美国每个州都有自己的环境保护机构，不隶属于 EPA，但是接受区域办公室的监督检查。州环境保护机构对州政府负责，依照州法律履行职权。州环境保护机构在执法过程中出现的冲突，由地方法院裁决。美国跨州联合治理大气污染形成了以州为主导，联邦政府和各州共同议事、协调的区域性合作机制。

对比美国的环境监管体制，我国也是类似的管理体制，由生态环境部门统一管理环境，生态环境部在业务上指导地方环保部门，地方生态环境部门对本级政府负责。

美国在国家层面上是通过建立强有力的机构 EPA，赋予其极大的权力，制定全国空气质量标准，协助各州遵守该标准。在区域联合层面上，有独立于地方政府的监管机构，只依据法律履行职责，可以有效避免地方保护主义干涉而导致的执法不公。在州级层面上，各州环保局保持独立性，依据州法律行事。州内环境由本州自己管理；各州之间的合作都由 EPA 牵头协助。

2. 欧盟的跨区域大气污染联合防治

欧盟大气污染联防联控的情况比我国更复杂，因为欧盟是由独立国家构成的联合体，故欧盟的大气污染联合治理，需要更加科学、健全的法律政策，成员国履约的自觉性，适当的监督与处罚机制。

1979 年，欧盟通过了《控制长距离越境空气污染公约》，根据公约的要求，各成员国应制定和实施相应的政策，如建立并完善大气质量管理体系，在排污治理的科学技术方面加强交流等。在 1993 年成立了欧洲环境署（EEA）。2001 年，欧洲提出了总量控制的目标，并颁布了"国家排放上限指令"，对排放上限制度建立了完善的配套措施，如报告制度、合作制度，成员国违反规定时的法律责任制度等。从 2001 年开始，欧盟陆续通过了多项指令，如 2008 年通过的《欧洲委员会关于大气环境质量与欧洲清洁大气的指令》，旨在采用分区域的方式管理大气质量。2010 年，制定了《工业排放（污染综合预防与控制）指令》，对最佳可行技术做了详细的规定。为了保证上述法律制度的实施，欧盟成员国采取了临时措施与长效机制相结合的方式加强大气污染防治。

资金方面，设立环保开支账户，做到专款专用；设立基金，确保欧盟内部各区域在大气污染防治上的公平性，相当于利益协调机制；通过征收大气污染税、能源税等经济手段促进产业升级，并通过司法途径对违约方进行制裁。欧盟颁布指令立法，成员国将指令转化为国内法，以贯彻实现指令的目标。除了将指令转化为国内立法，欧盟成员国还要签订协议，约定各自应承担的减排任务。各成员国履行区域大气污染联防联控义务的"监管者"是欧洲委员会。欧洲委员会的权力范围包括从最基本的调查,到欧盟法院起诉违法的国家等。

3.美国与欧盟在大气污染联合治理方面对我国的启示

综上所述,无论是美国还是欧盟,在治理跨区域大气污染方面有共同点,在实践中取得了较好的成效,这对我国开展大气污染防治有重要的启示。

第一,职责明确。通过建立完善的政策体系及专门的机构,清晰界定国家部委与地方、部门与部门之间的职责。

第二,区域划分。科学划分空气质量区域,编制科学的区域发展规划,分区域制定防治措施。

第三,支撑保障。有良好的保障机制及配套措施,实现总量控制与排污交易的紧密结合,设定区域环境总量目标,并将目标分解给区域内成员。

第四,执行协议。签订节能减排协议、条约,并使其能得到很好地贯彻落实与执行。

第五,经费支持。需要有稳定的资金来源,设立基金,做到专款专用。

第六,惩罚机制。按照法律及协议规定的内容,对不能达到大气污染防治目标与要求的,构建起包括停止政府资金资助、罚款、行政处罚、启动问责等一系列处罚机制。

第七,监测评估。科学技术是治理大气污染的有力武器,只有科学地监测与正确地评估,才能对大气污染有正确的分析,并制定出大气污染防治的相关技术规定。

随着党的十九大机构改革的顺利推进,环境保护部更名为生态环境部,职能进一步优化,环境督察力度空前,有利于实现大气污染防治的跨区域合作。

(二)发达国家水污染治理政策及经验启示

水污染防治是污染防治的重要领域,对于改善水质、保护水质及提升环境质量具有重要作用。由于水污染防治涉及多个主体、多个区域、多个领域,水污染防治成为一个世界性难题。世界很多国家都一直致力于水污染治理,也探索出了一些成功的做法。

1.发达国家对于湖泊水污染的治理

北美五大湖污染治理的主要措施及经验。五大湖(the Great Lakes)位于北美洲中部,是全世界最大的淡水湖群。20世纪80年代,随着五大湖地区钢铁公司等工业企业的发展,汽车的日益普及以及化肥、杀虫剂的广泛使用,五大湖区受到严重污染,一度以"铁锈带""棕色田野"而远近闻名。共同治理五大湖区水污染成为美国、加拿大两国政府治理水污染的重要任务。在共同治理水污染、保护五大湖的过程中,美国和加拿大积累了共同治理的丰富经验，建立健全了一套有效的跨国协调体制。其中，政府保护协议的制定和不断完善、非营利组织的建立对五大湖区水污染治理和生态环境保护起到了重要作用。

2. 发达国家湖泊水污染治理经验对我国的启示

改革开放以来，我国工业化和城市化进程加快，粗放型增长方式尚未得到根本转变，这导致我国水生态和水环境形势日益严峻。2017年，以地下水含水系统为单元，以潜水为主的浅层地下水和承压水为主的中深层地下水为对象，原国土资源部门对全国31个省（区、市）223个地市级行政区的5100个监测点（其中，国家级监测点1000个）开展了地下水水质监测。评价结果显示：水质为优良级、良好级、较好级、较差级和极差级的监测点分别占8.8%、23.1%、1.5%、51.8%和14.8%。主要超标指标为总硬度、锰、铁、溶解性总固体、"三氮"（亚硝酸盐氮、氨氮和硝酸盐氮）、硫酸盐、氟化物、氯化物等，个别监测点存在砷、六价铬、铅、汞等重（类）金属超标现象。

我国湖泊水污染防治还面临艰巨的任务，从建设美丽中国的目标出发，我们还需要不断努力，学习借鉴，打赢水污染防治攻坚战。因此，从政策体系构建的视角分析，需要注意以下三个方面。

第一，在政策的制定中需要创新机制，防治水污染需要社会各方的协同攻坚。江河湖泊水资源作为一种社会公共产品，在其污染治理中，政府应该发挥主导作用。但是，江河湖泊跨多个行政区域，管理复杂，因此，从日本、美国、加拿大等国成功治理湖泊水污染的经验看，还需要充分发挥企业、非营利组织、社会公众等治理主体的作用，建立合作机制，统一行动，协同治理。

第二，政策的制定与构架要注重发挥合作协调机制在湖泊水污染治理中的作用。在江河湖泊水污染防治中，政府、企业、非营利组织、社会公众都是治理主体，为了取得良好的治理效果，各个治理主体内部要建立健全协调机制，各个主体之间也要构建良好的合作机制。

从我国湖泊水污染防治的实际情况看，不仅政府、企业、非营利组织、社会公众这些治理主体之间的合作还不够顺畅，而且政府内部的合作协调机制也需要切实加强，地方政府之间需要加强合作、地方政府与流域管理部门之间需要加强沟通。

第三，在政策的导向上要注重发挥非营利组织作用。1994年3月，环境保护类非营利组织"自然之友"成立，这也是我国较早出现的环境保护类非营利组织。"自然之友"在开展群众性环境教育、倡导绿色文明、建立和传播具有中国特色的绿色文化、促进中国的环保事业方面做了一些工作，但还远远不够，特别是在水污染防治方面还有着巨大的拓展空间。因此，需要政府制定相关的政策，大力支持非营利组织发展，为其提供适当的活动平台，让它们在保护生态环境、建设美好家园中大展身手；从非营利组织方面来看，要规范自身行为，提高成员素质，通过坚持不懈地开展环保活动，取得政府的信任，赢得公众的支持，在促进环境保护、改善生态环境中发挥积极作用。

（三）发达国家土壤污染治理政策及经验启示

1. 发达国家土壤污染防治政策

土地是人类获取生存所需食物的承载地，土壤污染已成为威胁人们生活的重要污染形式。发达国家开展土壤污染治理已有几十年的历史，它们不仅积累了土壤污染治理的丰富经验，而且形成了一整套完备的体系。

（1）制定土壤污染治理修复政策。20世纪70年代以来，欧美等发达国家及地区不断加强土壤污染防治立法，加强土壤污染防治工作。在德国，制定了《联邦土壤保护法》，英国也出台了《污染控制法》，荷兰颁布了《土壤保护法》，美国制定了《超级基金法》（又称《综合环境反应补偿与责任法》），加拿大出台了《国家污染场地修复计划》及《加拿大推荐土壤质量导则》《污染场地条例》等。欧美国家及地区的土地污染治理立法主要是对整体土壤环境的保护和场地污染的修复。同时，欧美国家及地区还通过制定完善的污染土壤治理和修复技术标准，对不同污染类型、污染程度的土地进行防治。欧美国家及地区对污染土壤的治理注重保护土壤特殊功能，对不同功能土地区别对待，土壤污染防治与经济发展良性互动。

（2）建立健全土壤污染治理监管制度。为加强土地污染治理监管，欧美等国家及地区重视污染土地信息系统建设并已将其建立完善，通过信息系统向社会公开污染土地信息。尤其欧盟，建立污染土地名单制度，由成员国确定国内污染场地名单和本国主管机关，开展场地污染风险评估；美国也建立了污染场地管理信息系统与名录，形成《国家优先控制场地名录》。欧美国家及地区对修复土地还建立长期管控机制。例如，英国对修复后的污染土地建立长期监测与维护的机制；美国、加拿大制定了对污染土地修复后的操作与维护、修复方案等。

（3）建立土壤污染治理资金筹措机制。针对土壤污染治理资金问题，从制度的设计上，发达国家建立了多样化资金筹措机制。如，欧盟明确土壤污染治理资金来源主要有废弃物征收税、工业基金、政府津贴、土地注册交易费、污染土地拍卖、私人筹措资金等；北美国家明确土地污染治理资金主要来源有专门税收、财政拨款、基金利息、回收基金和罚款、融资、政府资金等。

（4）建立土壤污染治理的运行机制。在制度上，明确相关机构的权责关系，使运行机制通畅，效果明显。如，美国环保署（EPA）是美国土地污染治理的主导机构，负责评估土地的可持续及再开发利用；同时，州政府也有监督责任，地方政府和社区推动联邦政府关注土地污染问题。如英国的地方政府在土地污染治理上有主要执行权，土地污染整治计划和控制机制由地方环保机关负责。荷兰由各相关行政主管部门、各省级行政单位等，共同建立国家污染土壤治理修复框架。

2. 发达国家土壤污染治理政策对我国土地污染防治的启示

第一，加强土壤污染治理法律法规建设。关于土壤污染防治的立法，我国近年来取得了重大进展。2018 年，十三届全国人大常委会第五次会议通过了《中华人民共和国土壤污染防治法》。此前，国务院出台了《中华人民共和国土壤污染防治行动计划》，土壤污染状况详查和监测网络建设正按照相关规划不断推进，土壤污染防治标准体系正逐步建立，有的地方已出台了相关地方法规、规章，这些都有力地推动了全国土壤污染防治工作的深入开展。

第二，完善土地评价标准与方法体系。针对土地污染问题，从政策配套的层面，应尽快完善建设用地土壤环境质量标准，制定和修订建设用地土壤环境监测、调查评估、风险管控、治理与修复等技术规范，建立精准的土壤污染评价指标体系。全方位、多层次系统推进土壤和农产品监测与评价工作，为污染修复治理的科学规划和分类指导打好基础。

第三，构建多渠道土地污染防治资金筹措机制。《中华人民共和国土壤污染防治法》对国家建立土壤污染防治基金制度进行了规定，设立中央和省级土壤污染防治基金。同时，也要借鉴国外的环境保险制度，要求可能产生污染的企业强制购买环境责任保险，根据企业发生环境污染的可能性大小核算保险费用。

第四，明晰政府部门权限和职责。《中华人民共和国土壤污染防治法》规定，各级人民政府应当加强对土壤污染防治工作的指导、协调，督促各有关部门依法履行土壤污染防治管理职责，确立环境保护主管部门对土壤污染防治工作实施统一监督和管理，农业、国土资源、住房和城乡建设、林业等其他主管部门在各自职责范围内对土壤污染防治工作实施监督管理的部门管理体制。同时，还需要在政策上对受污染土地的用途进行强化管控，建立用地质量环境信息档案，确定开发利用的负面清单，防止未经修复治理的污染场地的不当使用，掌握污染土地管控主动权。

第五，建立土地污染防治全程联动监管体系。土地污染治理需要跨部门合作，同时还应考虑各个利益主体的权益。除了政府及管理部门外，还要加强社会监督，鼓励科学团体、公众参与土地污染防治决策。同时，建立健全土地污染监测防治体系、污染举报制度，对土地污染过程进行管理和监督，从控制污染源出发，减少对土地的污染。将土地污染防控工作重点由终点评价和末端修复治理，转变为源头控制—过程监管—终点评价—修复治理相结合的全程防控。

第二章

环境治理体系架构与治理逻辑

第一节　环境治理体系理论与研究综述

一、环境治理体系的必要性

"治理"是一个内涵庞杂的概念。全球治理委员会于1995年将"治理"界定为或公或私的个人和机构经营管理相同事务的诸多方式的总和。美国学者罗西瑙将"治理"论述为通行于规制空隙之间的那些制度安排，特别是当两个或更多规制出现重叠、冲突时，在相互竞争的利益之间发挥调节作用的原则、规范、规则和决策程序。法国学者戈丹认为，"治理"是一种集体产物，或多或少地带有协商和混杂的特征。英国学者斯托克认为，"治理"所偏重的统治机制并不依靠政府的权威和制裁，所创造的结构和秩序不能从外部强加，需要依靠多种行为者的互动发挥其作用。实践中，治理体系是描述和界定治理实践的重要表征。治理所指向的主体结构、制度体系、方法体系、运行体系等的集合就构成治理的基本体系。治理的复杂性在很大程度上源于治理所指向的主体结构是多元化的，并由此表现出调控干预手段的灵活性、多样性以及调控干预过程的互动性。因此，治理体系在很大程度能够表征并决定着治理的现实运行特性。

环境治理以及环境治理体系的优化问题在20世纪后期逐步进入人们的视野。1972年联合国通过的《联合国人类环境会议宣言》，要求各国政府、企业、公民和社会团体共同承担保护和改善人类环境的责任，一起努力应对生态环境问题。自此，生态环境保护和治理问题引起广泛关注。目前，学界普遍认为环境治理包括如何进行生态环境决策以及由谁来决策的全过程，其在空间上具有全局性和跨域性的特征，在时间上具有动态性和长期性的特征，在治理上具有整体性、公共性、无边界性和外溢性，且跨经济、生态和社会三大领域，需要依靠行政、法律、民规等复合性治理手段，涉及政府、市场、社会等多元利益主体，是一项综合性、复杂性和系统性极强的艰巨工程。伴随着环境治理实践的深化，环境治理体系优化问题成为各界关注的焦点。在全球范围，环境治理模式不断发展演进，一个总体趋势就是从单向控制模式向多元化环境治理模式转型。这一趋势的出现，是由生态环境资源的独特属性以及生态环境治理实践中面临的社会性矛盾问题所决定的。

（一）生态环境资源的"外部性"属性

外部性概念最早源于英国经济学家马歇尔对"外部经济"的讨论。庇古在《福利经济学》中基于马歇尔的"外部经济"提出了"外部不经济"的概念，外部性实际上就是边际私人成本与边际社会成本、边际私人收益与边际社会收益的不一致。

萨缪尔森将庇古的外部性理论从私人物品拓展到公共物品，发展出了"消费外部性"（consumption externality）的概念。萨缪尔森在 1954 年发表的《公共支出的纯理论》一文中将"公共物品"（public goods）界定为：每一个人对这种产品的消费并不会导致其他人对这种产品消费的减少，例如，国防、路灯、环境保护、新鲜空气等。环境作为一种公共物品，具有非竞争性和非排他性的特点，因此环境治理具有强外部性。

（二）环境治理面临一系列社会性问题

在全球范围，环境治理实践日益表明，环境治理不仅仅是科学技术问题。围绕环境治理实践，各国都曾出现过一系列社会矛盾冲突或社会困境现象，如，公地悲剧现象、吉登斯悖论现象、邻避效应现象等。通过优化环境治理体系破解这些社会性问题成为各国推进环境治理的必然选择。

1. 囚徒困境

1950 年，美国兰德公司的梅里尔·弗勒德（Merrill Flood）和梅尔文·德雷希尔（Melvin Dresher）拟定出相关困境的理论，后来这一理论由顾问艾伯特·塔克（Albert Tucker）以囚徒方式阐述，并被命名为"囚徒困境"。囚徒困境是指共谋罪犯出于对彼此的不信任和自身损失最小化，会选择互相揭发。环境治理也存在囚徒困境现象。实践中为防止利益相关方搭"环境治理成效"的便车，当局人往往倾向于选择不合作或者不治理模型。例如，在区域环境治理层面，生态环境产权的模糊性和生态环境的公共性，模糊了相关地方政府间在生态环境保护与修复中的权责划分，从而导致各相关地方政府在区域生态环境保护与修复决策时陷入"囚徒困境"，即都不愿开展环境治理。

2. 搭便车

搭便车现象和理论最早是由经济学家曼柯·奥尔逊提出的。他在 1965 年出版了《集体行动的逻辑：公共利益和团体理论》(*The Logic of Collective Action Public Goods and the Theory of Groups*) 一书，首次提出并阐释了该理论，搭便车的基本含义，即不付成本而坐享他人之利。该理论反驳了之前的集团理论，揭示出即使人们有对环境治理的共同需求，但也不一定会为了促进共同利益而产生集体合作。

3. 公地悲剧

1968 年，英国哈丁教授在《公地的悲剧》(The tragedy of the commons) 一文中首先提出了公地悲剧理论。该理论提出，作为理性人，每个牧羊者都希望自己的收益最大化。在公共草地上，每增加一只羊会有两种结果：一是获得增加一只羊的收入；二是加重草地的负担，并有可能使草地过度放牧。经过思考，牧羊者决定不顾草地的承受能力而增加羊群数量。于是，他便会因羊的增加而收益增多。看到有利可图，许多牧羊者也纷纷加入这一行列。由于羊群的进入不受限制，所以牧场被过度使用，草地状况迅速恶化，悲剧就这样发生了。它意味着多个主体共同使用一种稀缺的公共环境资源时，必然导致过度使用和环境退化。

4. 增长极限与可持续发展的矛盾

增长极限理论是由学者德内拉·梅多斯、乔根·兰德斯、丹尼斯·梅多斯等人于1972 年提出的。该理论认为如果人口以及工业化按照现有的增长趋势继续下去，会在未来某个时点达到极限，导致资源枯竭、生态恶化，因此必须"限制增长"。1987 年，以布伦特兰为主席的联合国世界与环境发展委员会发表了一份报告《我们共同的未来》，正式提出可持续发展概念。该报告提出将环境保护和经济发展协调起来，认为发展经济不应该以破坏人类赖以生存的环境为代价，"世界必须尽快拟定战略，使各国从目前的经常是破坏性的增长和发展过程，转而走向持续发展的道路"。

5. 吉登斯悖论

2009 年，安东尼·吉登斯在《气候变化的政治》一书中提出以自己名字命名的概念，即吉登斯悖论，指"既然全球变暖带来的危害在人们的日常生活中不是具体的、直接的和可见的，那么不管它实际上多么可怕，大部分人就依然是袖手旁观，不做任何具体的事情。但是，一旦等情况变得具体和真实，并且迫使他们采取实质性行动的时候，那一切又为时太晚"。虽然吉登斯悖论的提出主要针对的是全球气候问题，但是它所揭示的这种环境治理负面效应具有普遍性，适用于现代环境治理的各个领域。吉登斯悖论的本质在于社会主体对环境问题具有强烈的利益短视性，并由此生成了行动惰性。

6.邻避效应

邻避效应（Not in my back yard）是指居民或在地单位因担心建设项目对身体健康、环境质量和资产价值等带来不利后果，而采取强烈和坚决的、有时高度情绪化的集体反对甚至抗争行为。在环境问题上，对于建设项目潜在环境风险的关心和规避本身符合人的理性追求，但是这种规避心理在更多时候是被夸大和误导的，在邻避效应中普遍存在盲目的不信任心理和对抗心理，同时充斥着对个体利益的过度维护和对集体、他人利益的明显漠视。邻避效应的典型心理特征表现为"只要不在我家后院就行"，这种心理特征明显具有社会非理性倾向，与社会整体利益相悖。现实生活中，邻避效应最典型的负面现象之一，就是公众一方面极力要求政府增加环保设施，如垃圾处理场；但另一方面又极力反对在自家附近建设相关设施项目。邻避效应的存在给环境治理带来很大的社会困难。特别是随着社会民主法制的逐步发展，对私权的保护在相当长时期内会超越对社会集体利益的关照，这给现代社会环境治理带来了极大挑战。能否有效协调不同群体、个体和社会整体环境利益之间的关系，是对一个国家或地区环境治理者治理能力、治理智慧的重要考验，更是对该国家或地区包括政策制定和政策执行机制在内的整体环境治理体系是否科学有效的重要考验。

上述理论揭示了现实中环境治理面临的社会性矛盾现象和困境。但是上述理论或多或少地忽略了政府、市场和社会层面的主体合作与发展的可能性。例如，囚徒困境、集体行动和公地悲剧理论论证了个体的理性选择可能会导致集体的非理性，这在一定程度上给当前生态环境的恶化提供了理论解释。但"囚徒困境"忽视了公共资源博弈中的合作—博弈结构，"集体行动的逻辑"则忽视了影响集体行动的制度是宪法层次、集体选择层次和操作层次共同作用的结果，"公地悲剧"放弃了人们在公共事务上会采取合作以达到互惠目的的假设。"增长极限理论"在资源"用之不觉"中提出其"失之难存"。"吉登斯悖论"和"邻避效应"则从积极中的消极和消极中的积极两个方面提出生态环境问题的发展假设，揭示了社会公众参与生态环境治理的非理性表现。因此，在上述理论和现象的基础上进一步探讨多元共治、构建多元化环境治理体系成为环境治理的必要进路。

二、环境治理体系的理论基础

环境治理从单向控制向多元化机制的演进过程中，生成了一系列理论成果，有效地指导实践并被不断修正。相关主流理论按演化阶段划分，大体可以分为单主体、双主体、多主体三个阶段。其中，无论是庇古的政府主导还是科斯的市场交易，都没有跳出政府与市场非此即彼的思维定式，本质上都是一种单主体的治理思路。环境治理的跨界性和动态性模糊了政府间的权责边界，区际利益博弈中不可避免地出现"政府失灵"。社会力量的介入一定程度上可以弥补市场机制与政府治理中的不足，但不具备替代能力。可见，单一主体均无法承担并完成生态环境治理的全部责任，其治理的形势仍然很严峻。双主体治理分政府—社会和政府—市场两类，协同理论和新公共管理理论将政府主体和社会主体相结合，前者提出统筹公共利益和私人利益，后者强调政府与公民社会的协商与合作；生态现代化理论和波特假说通过发挥政府主体和市场主体的生态转型作用，实现经济发展和环境保护的双赢。奥斯特罗姆的自主治理理论和多中心治理理论探索多主体的共同利益，认为一群相互依赖的个体"有可能将自己组织起来，进行自主治理，从而能在所有人都面对搭便车、规避责任或其他机会主义行为诱惑的情况下，取得持续的共同收益"。21 世纪以来，随着多元化主体社会的发展，企业、居民、社会组织等各种社会力量也要求参与到生态治理中去，形成多元主体共同参与生态治理的新格局。国内学者围绕着生态治理理论、治理能力及其治理体系、治理主体、治理绩效及国外治理经验等展开研究，如，合作治理发现了公私主体的生态互赖性和根本上的利益一致性，提出环境治理需要多方非线性的合作。

（一）治理理论

全球治理委员会将治理界定为"各种公共的或私人的个人和机构管理其共同事务的诸多方式的总和，是使相互冲突的或不同的利益得以调和并且采取联合行动的持续的过程"。从这一定义可以看出治理主体是多元的，治理过程的基础不是控制，而是协调、互动与合作。

英国学者斯托克曾对"治理"做了五个论述，认为治理出自政府又不限于政府、治理明确了解答社会经济过程中的模糊之处、肯定涉及方之间的权利依赖、治理是行为者网络的自主自治以及治理的能力不在于政府的命令。"治理"暗含着自上而下的管理向社会控制的转变，而"环境治理"可以定义为政府机构、公民社会和跨国机构通过正式或非正式机制管理和保护环境自然资源、控制污染及解决环境纠纷。

（二）庇古税理论

由英国经济学家庇古（Pigou, Arthur Cecil, 1877—1959）在《福利经济学》（1920 年）中最先提出，这种税被称为"庇古税"。无论是外部性，还是公共物品，抑或公地悲剧，都会导致市场失灵，从而难以实现全体社会成员利益最大化的帕累托最优。为了实现帕累托最优，国家必须越出传统上规定的边界，利用国家拥有的征税权力，对那些制造外部影响的企业和个人征收一个相当于私人与社会边际成本差额的税收或者给予同等数量的补贴，使企业和个人自动按照效率标准提供最优产量。庇古认为，通过政府的征税和补贴，就可以将外部性内部化。

这种政策思路被称为"庇古税"。环境税的原理就是把治理环境的社会成本内化为污染者的私人成本，从而消除环境污染行为的外部性。环境税成为发达国家最为重要的政府主导的环境保护手段。自 1979 年以来，我国对废气、污水、固废、噪声四种污染源征收排污费，建立了一套比较完善的征管体系。2016 年 12 月 25 日通过的《中华人民共和国环境保护税法》，于 2018 年 1 月 1 日起施行。

（三）协同理论

哈肯在 1971 年提出协同的概念，1976 年系统地论述了协同理论，即人为千差万别的系统，尽管其属性不同，但在整个环境中，各个系统间存在着相互影响而又相互合作的关系。对千差万别的自然系统或社会系统而言，均存在着协同作用。协同作用是系统有序结构形成的内驱力。任何复杂系统，在外来能量的作用下或物质的聚集态达到某种临界值时，子系统之间就会产生协同作用。（子系统）协同主要研究一个远离平衡的开放系统，在外界环境的变化达到一定阈值，自身状态由无序到有序，由有序到更有序的途径问题。协同的动因是个体无法通过自身拥有的资源完成目标。协同行动是指各个主体为了共同的目标，虽然各自行动的内容不同，但在关节的作用下通过有机结合可以实现整体结构的跃迁。协同治理提出统筹公共利益和私人利益，改变以往政策制定和政策实施中的敌对模式。

（四）新公共管理理论

新公共管理理论的兴起，是由于 20 世纪 80 年代西方国家开始了一场政治改革运动，试图解决传统科层体制与现代社会不相适应的问题，力图化解政府管理出现的危机，新型的"新公共管理模式"孕育而生并发展起来。新公共管理模式强调政府与公民社会的协商与合作，强调政府运作的低成本化、组织结构的"解科层化"等。

（五）生态现代化理论

生态现代化理论是于 20 世纪 80 年代初由德国学者马丁·耶内克（Martin Juanicke）和约瑟夫·胡伯（Joseph Huber）提出，理论核心是以发挥生态优势推进现代化进程，即通过以市场为基础的环境政策推动市场机制和技术创新，促进工业生产率的提高和经济结构的升级，实现经济发展和环境保护的双赢，四个核心性要素分别是技术革新、市场机制、环境政策和预防性理念。生态现代化理论尝试将环境与经济发展的关系重新定义，历经依靠科学技术创新解决工业国家环境问题、平衡政府和市场在生态转型中各个方面的作用、多领域扩大范围的应用三个发展阶段，该理论作为一种政策方法迄今为止是卓有成效的，但如果没有一个明确的结构性解决方案，可持续发展不可能取得真正成功。

（六）自主治理理论

埃莉诺·奥斯特罗姆在著作《公共事物的治理之道》中阐述了自主治理理论，从影响理性个人策略选择的四个内部变量（预期收益、预期成本、内在规范和贴现率），制度供给、可信承诺和相互监督，自主治理的具体原则三个方面阐述了自主治理理论的核心内容。自主治理理论主张实施者采用自我组织、自我管理模式，为解决公共资源治理问题提供了新的思路。自主治理原则为生态环境治理中的企业角色定位提供了宝贵思路，从而在企业理论和国家理论的基础上进一步发展了集体行动的理论。

（七）多中心治理理论

多中心治理理论是以迈克尔·博兰尼提出的"多中心"为基础，经奥斯特罗姆夫妇在对发展中国家农村社区公共池塘资源进行实证研究的基础上于 1990 年形成的。多中心治理强调在一个决策系统中可能存在多个互相独立的决策中心，没有任何个人或群体作为最终的或全能的权威凌驾于法律之上，从而打破单中心制度中只有一个最高权威的权力格局，通过多部门、多层次和多类型的互动决策形成由多个权力中心组成的治理网络。多中心的核心在于政府、市场和社区间的协调与合作。理论意义在构建由多中心秩序构成公共服务的体制。多中心治理理论打破了单中心体制下权力高度集中的格局，构建起政府、市场和社会三维框架下的多中心供给模式，形成多个权力中心来承担公共产品供给职能，并且相互展开有效竞争，通过交替管辖和权威分散弥补了单中心体制的不足，实现资源问题的内部化和社会化。然而，这里各主体的利益仍然被看作是矛盾的，他们只是在面对共同的环境问题时有合作—竞争—合作的做法。

第二节　环境治理体系的主体架构与职能定位

完善的环境治理体系是国家治理能力现代化的基础。着力解决突出环境问题，构建政府为主导、企业为主体、社会组织和公众共同参与的环境治理体系。其中，政府方面的主体包括中央和地方两个层面，前者涉及中央政府、生态环境部、自然资源部、发改、工信、财政、交通、住建、水利、农业、林业、海洋、矿产等相关部门；后者涉及各级地方人民政府及其下属的生态环境主管部门和其他相关部门。政府为主导，意味着政府是生态环境治理的引导者、规制者、协调者、监管者和服务者。市场方面的主体主要包括一般型、污染型和治理型的企事业单位和其他生产经营者。市场层面中企业为主体，意味着企业是生态环境治理中的主要守法者、参与者、创新者和协助者。社会方面主体主要包括社会公众、非政府组织、媒体、科研机构、律师和中介组织等。社会层面各类主体应共同积极参与生态环境治理，是惠益者、推动者和观察者，肩负监督、宣教、策议、公益等方面的职能。

一、政府方面

（一）主体架构

政府的概念一般有广义和狭义之分，广义的政府是指行使国家权力的所有机关，包括立法、行政和司法机关；狭义的政府是指国家权力的执行机关，即国家行政机关。全面依法治国是治国安邦的基本方略，我国实行人民代表大会制度，全国人民代表大会及其常务委员会依法行使立法权。司法机关包括人民法院、人民检察院两大类，执法机关包括司法执法机关和行政执法机关两大类。保护环境是国家的基本国策，国务院和地方人民政府及其有关功能部门依法行政，组织和管理环境保护工作。本节主要探讨狭义上的政府，即国家行政机关在环境治理中的主体架构与职能定位。

1. 中央层面

中央层面建立、健全一系列环境监测、目标考核、生态保护、重点修复、风险评估、污染控制制度，环境承载力和污染预警、重点区域和流域联合防治协调机制，财政、税收、价格、政府采购等方面的政策和措施，鼓励和支持环境保护产业的发展。同时，通过考核、监督、报告和被监督，保障上述职能的有效性。国务院生态环境主管部门对全国环境保护工作实施统一监督管理。通过输出系列规划、规范、标准、机制、措施和信息，行使生态环境保护、环境监测、污染控制和信息公开等职能。国务院有关部门依照有关法律的规定对资源保护和污染防治等环境保护工作实施监督管理，参与编制环境保护规划和环境监测管理，并依法公开相关信息。

2. 地方层面

地方各级人民政府对本行政区域的生态环境质量负责。地方各级人民政府制定地方环境质量和污染物排放标准，建立环境承载力和污染监测预警机制，具体落实环境保护任务，开展污染减排、废物处理、突发环境事件处置、跨域生态补偿、农业环境保护、农村环境整治、海洋环境保护，以及环境保护工作的推广、宣传和奖励等各项工作。同时，通过考核、监督、报告和被监督，保障上述职能的有效性。地方环境保护主管部门对其行政区域环境保护工作实施统一监督管理，同时行使环评审批、污染控制和信息公开等职能。地方环境保护有关部门依照有关法律的规定对资源保护和污染防治等环境保护工作实施监督管理，具有监测预警、推广宣传、环保指导和信息公开等职能。

（二）职能定位

政府在生态环境治理中的职能主要有五个方面：引导、规制、协调、监管、服务。各项职能从中央到地方，逐级具有传递性。

第一，引导职能。国家为生态环境治理把方向、定基调，确定阶段性任务与目标，提出先进的思想和理念，鼓励、支持和推进生态环境保护工作。地方各级人民政府逐级传达、分解并落实环境保护任务，并承担着宣传、鼓励和引导下级人民政府、企事业单位和社会公众共同参与生态环境治理的职能。

第二，规制职能。广义的政府层面是作为法规政策的输出者与执行者，保障环境治理的合理性和稳定性。其规制主要体现为"控制型"和"激励型"。命令控制型环境政策是指具有强制约束力的环境政策，它注重使用行政管制手段和措施，具有工具理性认知下的"抑负"色彩。经济激励型环境政策是指国家利用修正的市场机制，改善环境品质，彰显价值理性认知下的增益作用。贷款、拨款、税收优惠等激励机制和奖励措施，作为发挥引导职能的有效手段，主要由地方各级人民政府落实。同时，各级政府通过考核、监督、报告和被监督等机制进行自我规制。

第三，协调职能。各职能部门之间、同级政府之间和多元主体之间的合作，有赖于政府的协调职能。中央作为生态环境治理的积极引导者和严守底线的规制者，在底线以上，各级地方政府具有差异性；对于区域大气污染治理和流域水污染治理等工作，跨界地方政府间存在外部性；政府各职能部门之间同样存在权责重叠与冲突，诸如此类限制了治理效率，甚至造成负面影响，这就需要政府强化协调职能。一是横向协调。我国环境管理职能被分割为三大块：污染防治职能分散在生态环境、工业与信息化、住房和城乡建设、交通、农业、水务、林业、海洋、港务监督、渔政、公安、交通等部门；资源保护职能分散在自然资源、矿产、林业、工信、农业、水利等部门；综合调控管理职能分散在生态环境、发改委、财政、工信、国土等部门。生态环境保护和资源开发利用的价值维度不同，由生态环境部和其他部委分别行使环境保护事权和资源开发利用事权，有利于管理工作的有效开展，各级政府需协调各职能部门的管理工作。二是纵向协调。各级政府及其职能部门对下级政府及其职能部门的环保工作进行指导、监督与评估，协调解决重点流域和区域的府际合作困境。三是主体协调。促进企业信息公开和顺畅公众参与渠道，搭建多元主体的合作平台，建立政府、企业、社会组织和公众等多元主体间的合作机制，主要有赖于政府的协调能力。

第四，监管职能。一是对政府的环境行政工作进行约束。国务院生态环境主管部门对全国环境保护工作实施统一监督管理，地方生态环境主管部门对其行政区域环境保护工作实施统一监督管理。各级政府和生态环境主管部门负有对下级生态环境保护工作的考核和监督职能，同时向同级人大和常委报告，接受监督。二是对企业的环境损害行为实施监管。通过制定地方标准、统一监测管理和促进信息公开，完善监督机制。

第五，服务职能。政府运用行政、法律、经济、财政等多种手段实现环境保护效益最大化，其最终目的是服务市场和社会。政府作为公共服务的供给者，一是对既有环境问题展开治理，并对各种潜在的环境风险，提供生态环境治理基础设施和公共产品服务，履行依法行政和依法监管等职能，提升市场的经济调节能力和绿色发展空间。二是保障生态环境治理的基础要素投入，通过财政资金调动人力、物力、技术等要素资源，提供高质量的环境服务，特别是核与辐射及危险废物等专项业务的基础设施和应急能力建设。三是推进信息透明，改变社会组织和公众对企业环境行为信息不对称的格局，建立常态化的监督渠道，完善环境污染举报制度，严格保护举报人的人身权利，充分保障公众对政府与企业的监督权，协调社会效益在环境效益和经济效益间的平衡。四是促进多元治理，增强环境非政府组织的合法性，拓展其参与环境治理的合法途径。

二、市场方面

（一）主体架构

市场方面主要包括企事业单位和其他生产经营者，按照环境污染程度和环境保护职能，将其分为一般型企业、污染型企业和治理型企业。其中，污染型企业（即污染企业）是指直接或者间接造成很大的环境或生态等污染的企业，包括对环境造成重大影响的企业。节能环保产业是指为节约能源资源、发展循环经济、保护生态环境提供物质基础和技术保障的产业。治理型企业包括参与发展节能环保产业的环境治理企业，如提供节能环保技术服务的第三方治理企业等。对环境造成轻度或很小影响的非治理型企业则视为一般型企业。一切单位和个人都有资源消耗和污染物排放，都有保护环境的义务，既要严格内部约束，也要配合外部约束。

1．严格内部约束

一般型：任何单位的工艺、技术、设备、材料和产品应符合我国环境保护的规定，防止污染环境。企事业单位和其他生产经营者应当防止、减少环境污染和生态破坏，配合排污许可管理要求。一是常规控制排污：执行污染物排放标准，落实重点污染物排放总量控制指标；二是突发事件处置：制定突发环境事件应急预案，采取措施处理突发环境事件；三是企业清洁生产：优先使用清洁能源、工艺、设备和技术，减少污染物的产生。

污染型：排放污染物的企事业单位和其他生产经营者，应当采取措施，防治环境污染和危害，按照国家有关规定缴纳排污费；排放污染物的企事业单位，应当建立环境保护责任制度。重点排污单位应当做好监测工作。建设项目要依法提交建设项目环境影响评价文件，按要求设置防治污染的设施。农业生产经营者应科学种植和养殖，防止污染环境。

治理型：部分专业环保企业可以作为第三方治理单位参与环境污染治理，他们依据相关法律法规与政府签订合同，出售环境服务。此类企业应严格履行合同约定的相应责任。如，监测机构（营利性）应当使用符合国家标准的监测设备，遵守监测规范。监测机构及其负责人对监测数据的真实性和准确性负责。

2．配合外部约束

一般型：企事业单位及时通报突发环境事件可能受到危害的单位和居民，并向环境保护主管部门和有关部门报告。

污染型：排放污染物的企事业单位和其他生产经营者应当如实反映情况，提供现场检查的必要资料。重点排污单位如实向社会公开环境信息，接受社会监督。建设项目编制环境影响报告书应充分征求公众意见。

（二）职能定位

市场层面中企业为主体，企业既是生态环境资源的消耗者和污染排放者，也是生态环境治理中的主要守法者、参与者、创新者和协助者。

第一，守法（遵从）职能。企业参与生态环境治理的首要职责是，遵守各项环保法规。企业要按照政府的生态环境治理要求进行整改，控制资源消耗和污染物排放，将生态环境治理责任落实到生产、经营、管理、消费的各个环节。企业自我规制可弥补管理漏洞和提高治理效率，排污监测和信息公开是促进企业自我规制的有效途径。但排污企业对自行监测和信息公开的认识不足，缺乏科学定位，制约了监测信息作用的发挥。促进排污单位提供真实性监测信息，既要强化激励处罚机制，还要完善整改容错机制。

第二，参与职能。资本生产的无限性必然与自然承载能力形成冲突，但解决环境污染问题归根到底有赖于资本的积极作用。因此，企业是生态环境治理市场化运行的主要参与者，应将环境保护和治理的理念纳入生产经营计划决策与实践之中，并通过市场机制参与到生态环境治理中。一方面，国有资产主要集中在关系到国家安全、国民经济命脉的重要行业和关键领域，国有企业具有"营利性"与"公益性"的双重性质，可将绿色收益作为其业绩考核依据，引领市场绿色化转型。另一方面，民营企业规模参差不齐、流动性强、管理难度大，排污许可制度是将生态环境管理转型为生态环境治理的有效市场途径。在政府有效环境管理制度下，通过约束与激励企业的市场化运作，企业内化生态环境保护行为，从市场层面实现其参与职能。此外，外资企业为生态环境治理提供资金与技术的补充。

第三，创新职能。企业是实现产业环保化的重要主体，环保投资的有效性依托于调整经济能源结构、淘汰落后产能、促进循环利用、挖掘可再生能源、环保技术升级等先进手段，降低资源消耗和环境污染。而企业是先进材料、设备、工艺、技术和管理等的创新者与实践者。企业创新具有减少污染和资源损耗的源头带动作用，以及能源回用和污染处理的终端控制作用。

第四，协助职能。探索发展产业集聚区及由环境污染第三方治理所延伸的环保产业链条，给予企业更多的自主性，使企业具有优势互补、分工协作的整体竞争力，是通过环保产业化协助生态环境治理的突破口。第三方环境污染监测和治理等企业，在生态环境治理中扮演有偿管理者的角色，通过政府和使用者付费途径实现资金回报，承担监测信息公示、供给技术人员和管理人员等职责，协助政府、企业和社会的多元共治。

三、社会方面

（一）主体架构

1.公民个人

环境保护坚持公众参与的原则，公民个人既是生态环境资源的消耗者和污染排放者，也是生态环境治理的参与者。公民应当自觉履行环境保护义务，遵守环境保护法律法规，减少废弃物的产生和日常生活对环境造成的损害。同时，公民依法享有获取环境信息、参与和监督环境保护的权利，有权举报污染环境和破坏生态的单位、个人和未依法履行职责的政府管理部门。有关专家可为政府部门提供决策建议。

2.社会组织

国家鼓励基层群众性自治组织、社会组织、环境保护志愿者开展环境保护法律法规和环境保护知识的宣传，营造保护环境的良好风气。公民、法人和其他组织依法享有获取环境信息、环境保护监督和举报违法行为的权利，符合条件的环保公益社会组织还具有对环境破坏行为提起诉讼的权利。监测机构（非营利性）应当使用符合国家标准的监测设备，遵守监测规范，监测机构及其负责人对监测数据的真实性和准确性负责。新闻媒体应当开展环境保护法律法规和环境保护知识的宣传，对环境违法行为进行舆论监督。学校应当将环境保护知识纳入学校教育内容，培养学生的环境保护意识。

（二）职能定位

社会层面，公众、专家、媒体、学校和非政府组织等各类主体，是多元生态环境治理体系中不可分割的有机组成部分，肩负自身建设、舆论监督、宣传教育、对策建议、公益诉讼等方面的职能。

第一，自身建设职能。一是公众个体控制职能。公众个人参与环境治理的能力建设，包括减少和治理自身造成的环境污染，发展绿色低碳、文明健康、理性的环保生活方式等。二是公众自组织建设职能。顺畅的生态参与渠道是公众参与生态多元治理的基础，建立参与渠道是政府的职责所在；同时，公众具有拓宽自身参与渠道的能动性，通过自发组织和聚集、依靠媒体参与生态治理或加入正式的非政府环保组织等方式，参与到生态环境治理之中。三是环境非政府组织自建职能。解决非政府组织建设面临的组织臃肿、资金黑箱、合法性存疑等问题，既需要法律的规范与支持，也需要自身的形象建设。因此，非政府组织具有完善自身运作流程、构建信息共享平台和健全网络反馈机制等职能。

第二，舆论监督职能。一是公众通过行使环境治理的知情权、参与权、表达权和监督权，建立和完善对政府、企业的社会监督制度，倒逼环境治理项目在识别、准备、采购、执行与移交全过程的质效提升，监督政府环保部门的生态治理的全过程，督促政府和企业承担环境治理责任。二是舆论监督职能需要以环境信息为基础，企业提供基础信息，政府提供辖区内环境信息的整合、统计与分析，社会组织和科研机构可以根据自身的环保专业，提供环境信息的分类和解析，并主动向社会提供环境信息服务。三是为弱势群体提供发声的途径，以倡议与游说、抗议与斗争等方式动员民众，引起政治家、企业家对环境治理的关注，调动其参与到生态环境治理的舆论监督职能之中。

第三，宣传教育职能。一是媒体通过对生态文明理论与生态建设制度的宣传，提高民众的环境保护意识，内化环保理念，引导民众日常的生产生活。二是环境非政府组织承担向公众详细说明参与环境治理的各种方式的职能，如问卷调查、专家论证会、听证会、信息公开制度等，提升公众参与环境治理的信心。三是科研机构和学校具有实践指导和生态教育的职能，开展社会观察和环保宣传教育等活动，解决环境治理中社会环境不成熟、生态教育与环境治理要求不一致等问题，创造良好的社会氛围。四是党员干部、专家学者和相关从业者具有推动实践的作用，丰富从组织到组织的宣教形式，发挥从人到人的带动作用，使生态环境治理进社区、进邻里、深入民心。

第四，对策建议职能。一是科研机构与科技人员通过不断进行治理理论的完善和治理技术的更新，以加强科学与政策的联系。二是环境非政府组织发挥纽带和桥梁作用，推动区域性政府间组织的合作，吸纳多层面的不同意见，建立多个利益相关者常态化的对话机构、对话模式及其相关流程，在专家咨询的基础上进行知识的建构、理论传播和实践培训，促进民众环保意识的提升，为政府提供政策建议，由此参与环境的保护与治理。三是公众可以通过民主投票等方式参与到生态治理的政策制定、执行和监督之中。

第五，公益诉讼职能。一是环保非政府组织在应对突发环境事件、参与政府环境决策以及提起环境公益诉讼等方面发挥着积极作用。二是环保非政府组织通过对社会公众的环保综合能力的公益培训，发挥其公益性和民间力量整合性，带领民众进行有效的利益诉求表达，克服民众在治理过程中力量的碎片化，提高民众的有效参与能力。

第三节　各主体的动力机制与互动机制

生态环境治理从问题导向型治理转向探索多元主体协同治理的新范式，多元环境治理需要完善政府公制、企业自治和社会共治，但政府主导能力、企业行动能力和公众参与能力的不足，导致三者之间尚未形成有效协调、互相制衡、有序竞争的机制。自愿性环境治理具有自觉性、灵活性与多元性等突出优点，强制性环境治理具有理性化、高效化和单极化的特征，二者有机耦合是探索多元合作共治的方向。

一、多元互动的自觉性及动力机制

（一）从政府角度出发

政府在生态环境治理中起主导作用，其自觉性源自四个方面：以理念上对生命共同体的深刻认同为出发点，以实践中对现有不足的真切观察为切入点，以体制上对压力传导的权责廓清为着力点，以机制上对动力激发的有效保障为落脚点。

在理念上，要倡导"山水林田湖是一个生命共同体"的意识。大气、水和土壤等自然资源在管辖上有行政区域之分，但就其参与自然界物质和能量的交换和循环而言，是密不可分的有机统一体。因此，各级政府在生态环境治理中首先要树立对生命共同体的共识，深刻认识到置身于全局的治理正是解决自身生态环境治理壁垒的根本途径，并以生态价值观为导向，培育生态环境协同治理的文化传承，内化为稳固持续的源动力。

在实践中，不同层级政府及环保部门之间存在着权责利交叉和信息不对称等问题，造成实质性监督力度缺失和环保效率低下。环境污染问题在区域之间相互关联性极大，但在行政主导的环境治理体系下，生态环境治理在同级政府间存在成本差异、利益冲突和政绩竞争，导致地方政府的生态治理积极性不足。在管制型环境治理需求下，政府在辖区内环境决策、标准制定、监督管理、环境执法、信息供给等方面具有主导权。但就服务型环境治理需求而言，不同层级、不同区域及其之间的政府及相关部门如何实现协同精治，服务于整体环境利益，则需要体制机制的进一步完善。

在体制上，要廓清不同层级政府及环保部门的权责，合理传导治理压力。一是中央层面需有权威机构统筹，建立常设性环境协调监督机构，统筹区域环境监管职能，打破地方主义和部门主义的藩篱。如国家环境协调监督委员会，并设立中央环境保护督察组和重点区域流域环境协作小组，负责区域环境政策和规划的制定、执行和监督。二是横向层面建立区域环境协作机构，通过联席会议和专责小组等形式推动政府间的合作行动。在既有体制框架下，地方政府间建立财政预算协同和合作收支体系，引入横向转移支付体系和多元主体利益协调机制，以整合区域、流域的生态环境治理资源。三是在地方层面实施环保执法垂直管理，减少执法过程中同级政府的行政干预。

在机制上，要落实考核、监督和协作机制，激发各级政府部门的治理动力。一是建立并完善相互协调、内在衔接和演化共进的环境法律、法规和政策，稳固环境治理的合法性与有效性。二是落实"党政同责、一岗双责"，完善生态环境考核问责机制，全面落实经济发展与环境保护的综合决策机制，深化考核机制的"绿色化"转向，提升激励机制；建构一套包括实体性机制和程序性机制在内的生态环境损害协同问责运行机制和容错纠错机制。三是地方政府间需要遵循"生态环境风险共担、生态环境利益共享"的基本原则，构建利益协调与补偿机制、环境信息公开与共享机制、环境基础设施共建与共享机制以及环境保护联合执法机制、协同治理的监督机制，以联合共治取代恶性竞争，以优势互补促进共同发展。

（二）从企业角度出发

环境治理的关键是处理好经济利益与环境利益的关系。企业作为经济建设发展和生态环境治理的主体，其自主治理基于两个方面。一方面，企业面对污染成本的内化和利益发展的需求，其治理的动力源于市场层面的角逐。另一方面，企业是生态环境资源的主要消耗者，也是环境污染和生态破坏的主要制造者，其治理的自觉性是伦理层面的遵循。

市场层面，企业参与治理的行为主要是避免损失、降低成本和提高收益。第一，企业作为环境政策规制的客体，适应性地调整自身行为以符合政策法规的要求、政府部门的管理和社会公众的监督，避免不法行为造成的罚没损失和不良事件导致的形象崩塌。第二，市场化的生态治理要求将企业污染环境危害及其治理的成本内化为企业的生产成本，形成企业淘汰落后产能、设备和工艺的必然。第三，企业具有提供满足市场和消费者需求的产品和服务的内生动力，现代化的高效治理需要构成产业转型和结构升级的契机。同时，企业间的协作是企业承担社会责任和企业自我生存发展的共同需要，积累品牌形象，提升承担环境责任的企业知名度，所带来的规模效应和正面影响，有利于带动更多企业的环境保护行为。

伦理层面，企业是生态环境资源的使用者和破坏者，理应成为生态环境治理的主体，对已经形成的环境污染和破坏进行积极治理，承担保护环境、赔偿损害的责任。企业在承担生态环境治理责任中出现的投机行为，是企业追逐利益的本质所驱使，因此"上有政策，下有对策"屡见不鲜、屡禁不止，这就增加了生态治理的难度，降低了治理的有效性。而企业作为消耗者和破坏者与其作为生产者和治理者的双重身份，应是伦理层面的统一，只有企业根植伦理观念，才是杜绝投机行为的根本途径，正如"要像保护眼睛一样保护生态环境，像对待生命一样对待生态环境"。

（三）从社会角度出发

公众既是环境污染的主要受害者也是污染排放者，更是美丽中国的最终受益者，社会组织和公众的共同参与是环境治理协作的黏合剂。其参与动力贯穿于三个层面：参与意识的唤醒、参与途径的保障和参与效果的落实。

首先，唤醒公众的参与意识，激发社会组织的参与热情。一方面，关键在于对公众宣传和教育的角度和力度的把握。生态环境作为公共物品，其宣传难点在于难以激发个体情感与获取响应。孩子作为大多家庭的核心，是受关注最高的群体，环境治理宣传角度可从当代环境治理转变为代际环境公平，如，加大环境污染对儿童健康影响的宣传力度，以家庭核心利益的风险预警唤醒公众的参与意识。另一方面，通过整合资源、系统分类、加强组织建设与管理等手段，提高社会组织的参与能力，进一步调动社会组织参与生态环境治理的积极性。

其次，畅通参与渠道，保障参与安全。一是廓清参与范围、强化信息公开、拓展参与渠道、完善参与程序、落实问责机制，为社会公众参与环境治理提供有效途径。二是补充环境法律责任、行政复议与诉讼、纠纷处理、损害补偿、环境公益诉讼和公民环境权利等方面的配套法律规定，保障社会公众参与的安全性。

最后，落实参与效果，完善奖励机制。一方面，通过扶持社会组织和科研机构的生态环境治理项目，深化落实其参与效果，以成功案例和落地工程为契机，增加其参与信心与绩效。另一方面，通过加大新闻媒体和专家学者参与生态环境治理的宣传，提升其社会影响力。再一方面，通过完善公众参与生态环境治理的奖励机制，丰富荣誉奖励和物质奖励等形式，进一步强化公众的参与热情。

二、多元互动的合作性及约束机制

（一）政府与企业

政府要兼顾社会多方利益与公平，在与企业的合作中，不仅要从环保的角度严格规制，更要从发展的角度积极鼓励。中央政府通过输出法规约束和激励政策进行宏观调控，前者体现国家在工具理性认知下，对秩序与稳定的追求；后者彰显价值理性认知中，对自然的尊重、对公众权利与企业利益的激励。地方层面通过监管和财政负责具体落实，并不断调整政府职能杠杆在环保规制与发展激励之间的平衡，前者在于从环保角度对各类企业的监管，后者在于对一般型企业的绿色引导、对排污型企业的结构调整、对治理型企业的发展扶持。政府对企业实施环境监管职能，主要包括对污染企业生产经营活动是否达标的信息收集、报告、检查和罚款等一系列复杂的行政程序，但机械式监管易导致企业产生消极应付的治理态度，环境破坏负效应不可逆转，以及"以减代治"治标不治本。因此，政府应引导和激励企业绿色发展，实现政府与企业的双赢。一是政府采取财政拨款、税收优惠、政府采购等措施推广应用节能环保和新能源技术；二是通过引入竞争、排污权交易、生态补偿、绿色信贷、绿色保险等机制，对环境污染严重的企业进行淘汰，促使企业生产结构转型升级；三是发展政策性金融、建立绿色金融体系，通过征收资源税和环境保护税，将企业生态环境外部成本内部化。

政府在承担宏观主导治理工作的同时，应把微观繁杂的治理工作下放给企业。而企业应兼顾利益发展与社会责任，在其理念升级和模式升级中都离不开与政府的合作。一方面，各类企业必须对传统的以利润为唯一目标的经营理念有所超越，在生产过程、环境治理中承担起社会责任。而政府作为先进环境治理理念的倡导者，有必要加强对企业的宣传和沟通工作，既要上传下达，也要通过企业实践进行检验、反馈和修正。另一方面，企业在生产经营与环境治理中，可通过引入第三方企业的模式升级实现政企共治。环境污染第三方治理是排污企业以购买环境服务的形式，将污染治理任务转移给能用相对更低成本、更专业技术和更有效率的运作方式来进行污染治理的第三方企业。在实施环境污染第三方治理的过程中，需要政府进行引导和支持，制定相关的规则与制度，并且对排污企业和第三方企业共同履行合同的情况进行监督。

实现从行政权力中心导向的环境管理向公共利益中心导向的合作治理的转变，政府与企业仍需不断探索更加多元化的平等、交互合作方式，如环保约谈和行政协议等。环保约谈是通过政府与排污企业之间的协商与沟通，实现政府对排污企业的预警和企业接受行政执法前的缓冲。环境行政协议是在环境司法组织、环保组织、企业员工和居民等主体的参与下开展政企谈判，强化多方利益主体对政府与排污企业的监督作用。

（二）政府与社会

在生态环境治理中，政府决策具有宏观主导优势，而公众参与具有微观介入价值。同时，由于政府及相关部门的资源限制，难以深入社会的方方面面，而社会参与又易于陷入秩序缺失的困境，因此，政府与社会的合作对于生态环境治理具有重要意义。政府在理念倡导、决策输出、监测督察和行政管理过程中，需要社会多元群体的笔力、脑力、眼力和脚力，而媒体、专家、公众和非政府组织恰是政府的笔杆子、智囊团、千里眼和调研队。社会多元群体的积极参与，既有监督辅助的共性，又可根据各自优长有所侧重，关键在于政府对社会参与体系的秩序维护。同时，社会参与在渠道畅通、秩序合法的基础上，也可发挥"倒逼机制"对政府决策行为的引导作用，进而将利益诉求转化为建设动力，最终提升生态环境治理的有效性。

首先，政府引领媒体网络和学校开展宣传教育，构建绿色环境。无论是命令性、市场性或自愿性的环境政策工具都有其局限性，只有政策工具与社会氛围互相促进发展，才是生态环境治理日益向好的良性途径。随着绿色发展理念指导的不断深化，生态环境治理意识已经逐步形成，但距离社会层面普遍落实环境治理行动仍有较大差距。因此，政府部门首先应充分发挥媒体和学校的宣传和教育职能，以其作为上传下达的重要渠道，让先进的生态环境理念细致深入的渗透社会、贯穿代际，形成生态环境治理的持续源动力。同时，网络媒体成本低、效率高且便捷，在舆论发声中具有强大潜力，是公众表达意见的重要渠道，也为政府和公众互动搭建了桥梁。此外，媒体整理、收集到的社会资料，为科学制定环保政策，依法解决环境污染的热点、难点及倾向性问题提供了科学依据。其次，政府借助专家和科研机构进行专业咨询，优化决策机制。政府决策往往是对生态环境治理工作进行事前控制的重要环节，而环境问题的技术性和专业性对政策制定的科学性提出高要求，以科学研究推动政治决策将会成为推动环境治理进程的有效手段。政府决策应将来自专业技术专家、专家顾问委员会、专业性资源管理机构等的综合意见融入决策过程，提升决策的有效性。

再次，政府组织公众和社区组织介入监督举报，完善监管机制。公众的环境权利意识觉醒促使其对环保问题的关注度与参与度需求不断提高，但集中于基于环境风险与安全考量的邻避运动，往往存在非理性和无秩序参与特征。因此，公众直接参与决策会提升决策成本，并因其专业性不足而进一步降低效能，而由政府引导公众参与生态环境治理过程中的社会监督，则可以避免其直接参与决策的风险，并充分利用其群体基数大、覆盖面广的优势。为此，一方面，政府应制定相关的法律法规，健全环境影响评价、信息公开共享、环境公益诉讼等公众参与制度，保障公众参与生态治理的合法性与规范性，并在绩效考评环节考虑公众的认知感受。另一方面，通过网络和报纸等形式向公众提供有关环保的信息，引导公众依法行使环境知情权、监督权，不断拓展公众参与渠道。再一方面，通过设立举报奖励、参与奖励和补偿奖励等制度性激励举措，分担公众参与成本。此外，公众直接参与监督的同时，也可以间接参与决策，通过专家和专业环保机构对公众个体偏差进行矫正，提升其参与的有效性。比如，通过专业机构的调研机制表达诉求和建议；经过科研组织专家对调研结果的汇总与分析，得到科学合理的对策建议，从而间接参与决策；公众自组织发展志愿者群体，参与到调研和汇总环节之中。

最后，政府支持环保组织推动公益维权，健全诉讼机制。一是政府应以法制思路解决公众环境维权行为，以法律程序、常态化思维保障程序合法性。通过环境公益诉讼制度、环境私益诉讼制度、非诉讼纠纷解决机制等渠道及时有效地对公众受损环境利益展开救济。二是加强国内非政府组织的能力建设，培养一批政策水平高、与国际接轨的非政府组织力量，引导社会群体反应性维权和进取性维权，鼓励社会公益律师进行法律咨询与诉讼，并在各个多边场合积极发声，呼应、支持政府工作。此外，政府通过合同、委托等方式，向社会购买事务性管理服务，建设效能型政府。

（三）企业与社会

生态环境治理成效取决于生态治理各主体间合作关系是否稳定，而企业和社会公众是生态环境治理中的庞杂群体，对于一般型、污染型和治理型企业，以及公众、媒体、专家和非政府组织等社会主体，在稳定中寻求合作的关键在于合作双方或多边关系的互利共赢，即合作的交互性。

第一，公众是良好生态环境的受益者，也是市场机制中的消费主体。一方面，对于企业违法排污等生态环境破坏行为，公众有权监督、举报。另一方面，企业在主动守法的过程中也能够树立绿色环保企业的良好形象，增强其产品的市场竞争力，获得较大程度的社会认可度和消费满意度。同时，有助于缓解企业经济利益与公众环境利益的冲突，促进环境友好型社会的实现。

第二，媒体是连接政府、企业和公众的重要枢纽。一方面，通过媒体渠道加强对企业的生态环保教育和宣传；另一方面，媒体对企业生态环境违法行为的曝光，是提高公众知情权、唤起公众环保意识、引起政府部门重视处理的有力渠道；再一方面，媒体对于积极守法、技术先进、节能环保企业的宣传，也是提高企业知名度、拓展市场和倒逼落后产能淘汰转型的有效手段。

第三，专家可通过自身专业技术和知识为企业的生产经营提供合理建议。同时，企业主动邀请专家、科研机构和非政府组织进企参观，形成常态化专业顾问组织，及时发现问题、分析问题、解决问题，建立企业发展容错机制，也是在接受环保行政执法工作前的缓冲。

第四，可进一步加强公益性的社会环保组织与有偿提供环保服务的治理型企业之间的合作。一方面，环保组织可作为媒介，加强污染型企业与治理型企业的合作，提高双方规模化、集约化发展。另一方面，我国环保组织主要为政府发起、民间发起、学生团体和国际组织驻华机构四类，组织资金主要是通过会费形式（其次是捐赠和财政拨款）通过吸纳企业成为会员，不仅便于组织活动，也拓展了环保组织资金筹措的渠道，促进了环保组织的壮大与发展。

第四节　环境治理体系的建构逻辑与概念模型

一、环境治理主体的合作困境

（一）法制困境

自 20 世纪 80 年代始，我国政府大力倡导结构化、专业化的公共管理机制，在此背景下，农业、林业、国土资源等多个部门先后被吸收到环境管理工作中，并最终形成多部门共同参与的环境管理工作格局。但立法仍有待完善，比如，我国在大气、水和土壤等多个环境领域立有专门法律，但国家层面对于跨行政区的流域和区域立法尚未实现，地方政府如何具体开展工作等诸如此类跨域治理中的关键性问题尚未获得法律的明确规定。同时，虽然《中华人民共和国环境保护法》明确规定，地方各级人民政府对本辖区环境质量负责，但由于对地方政府责任追究方式和如何承担责任缺乏实质性的约束力，使得地方政府参与环境管理工作的积极性天然不足。此外，地方性法规有待修订与完善。地方性法规不仅要与国家相关法律保持一致性，还应充分考虑不同行政区域间的法规差异性引发的污染转移等不良后果。最后，部门立法权需清理统一。分散式立法不可避免地造成立法之间衔接不畅、协调配合不够，甚至存在相互冲突的现象。因此，有必要适当削减部门的环保类立法权，并逐步上升到人大或统一的环境管理行政机构中去，从源头上确保立法体系的规范统一。

（二）体制困境

在科层管理体制下，行政主导型体制对社会的参与要求回应不足，分割的行政区域管辖和部门管理体制容易使生态环境治理陷入"碎片化"困境。"闭合型"行政区域管理缺乏整体性协作，"分割型"部门体制引发环境行政规制割裂，从而偏离了生态环境整体性治理和公共治理的要求。如，我国对六大地区的环保督查职能归属于生态环境部，对七个流域的管理侧重于水资源开发利用，职能归属于水利部门，流域生态环境的治理工作缺乏顶层设计与领导。在全面深化改革的历史新阶段，通过顶层设计、地方政府改革与社会创新，我国的环境治理体制正在重构。但资源管理体制尚未统一，地方利益和治理成本收益不对等，共同造成了生态环境治理的困局。经济社会发展催生了环保企业等新的市场主体，环境问题的持续扩大促进了环保社会组织大量出现，这些力量在参与资源利用和环保工作中，不可避免地会影响环境管理体制改革，当前环境大部制改革客观上也存在吸收外部力量不足、多元共治体制不健全、外部监督力量薄弱等问题。在推进国家治理体系和治理能力现代化的现阶段，如何在环境管理政府主导的前提下引入市场调节和社会民主监督，成为大部制改革亟待解决的问题。

（三）机制困境

政府治理层面，其系统内部思想不坚定，标准不统一，缺乏长效监督管理机制，监督管理机构设置不合理、不科学。现有对生态环境保护行使监管和执法的机构众多，但这些机构之间缺乏明确的分工与协作，存在职能交叉、条块分割、力量分散等问题，同时机构间在监管和执法上时常发生重复监管效率不高的现象。市场治理层面，其权力边界受限，且缺乏合理规制和有效激励。一是政府在环境决策、环境标准制定、环境监督管理、环境执法、提供环境信息等宏观治理方面具有主导权，导致市场层面权力边界受限，制约了企业环境监测、环保技术推广、违法行为监督等微观治理领域的效率提升。二是由于缺乏合理规制，造成市场运行障碍。如，市场准入门槛较低，导致企业环保技术更新与跟进吃力，甚至无力承担环境保护与修复的必要费用。三是由于缺乏必要的激励机制，导致企业和其他生产经营者的合作积极性不高。

社会治理层面，现阶段尚缺乏协作衔接机制。政府、企业、组织和公众的合作缺乏有效的衔接机制，使得各治理主体在环境治理实践中往往无法有效合作，没有形成合力。

二、环境治理体系的建构逻辑

（一）生态价值理念建构

重新审视生态资源的价值，深刻认识"两山论"对生态环境与经济发展的辩证统一、保护优先和优势转化的阐释。以多元主体协同治理的生态价值理念传播为先导，促成生态环境多元主体协同治理行动的实践过程。中央层面要加强引导公众对生态价值的理性认识，唤起公众对环境破坏的危机意识。通过宣教资源的短缺、污染的高危害及其治理的高成本，唤起公众对生态资源价值的充分重视；通过基于市场导向的资源成本核算和基于环境承载能力导向的纳污总量核算，建立起对生态资源价值的理性认识，从而为多元主体协作建立起稳定的合作基础。地方政府要转变发展理念，树立生态环境保护责任意识，发展生态环境经济。市场层面要培育企业环保意识，树立清洁生产理念。社会层面要通过宣传、教育、引导等多种手段，建构绿色生活理念与方式。在多元生态环境治理转型期，法规正义性、制度合理性和权益均衡性是扭转以成本—收益为纯粹考量的脱嵌式开发模式为维持资源开发和生态保护平衡的嵌入式开发模式的关键要素。在这一转变过程中，也不可忽略社会主体日益增长的优美生态环境需要和市场主体生产经营的绿色升级需求，以及二者在相互协同促进中形成的自我进阶与理念深化，形成以政府为主导、多元协同的理念建构之合力。

（二）生态环境治理法制建构

基于环境利益之上的环境权利和环境权力相互制衡与协作，构成环境法制大厦的基石，为迈向多元合作共治的现代环境治理模式奠定了制度基础。从法制层面看，应构建权利义务关系明确、多元融合的治理主体制度，形成中央引导、流域和区域管理机构协调、地方参与的磋商合作制度。明确生态环境治理的主体包括地方政府、企业和个人，各利益主体在履行生态治理职责时要相互协调，构建生态环境资源开发者付费、破坏者赔偿、受益者补偿的利益平衡体系，形成共同致力于区域环境保护的合动力。强化地方政府的职责，继续深化落实"党政同责，一岗双责"，并通过相关环境政策和环境法律的衔接，建立生态环境治理的跨行政区域协调机制，促进流域和区域环境保护一体化。

（三）生态环境治理体系建构

生态环境治理体系，需政府机构、专家体系、企业、社会组织、公众等主体基于伙伴信任关系与共同利益，形成参与、合作、共同担责的社会治理集合体。社会资本是实现生态环境多元协同治理的重要资源，吸纳社会力量参与生态环境治理十分必要，也是协同治理的必然选择。环保组织在清洁生产、污染防治中，具有专业的人才、知识和技术优势。一方面，应充分调动环保组织的政府资政咨询、企业环保评估、项目技术指导和社会宣传教育等功能。另一方面，环保组织可通过述职评优、立项合作和众筹等方式，获取政府、企业和公众的奖励、合作和支持。同时，要延伸环境管理工作链条，建设基于利益相关者的公众参与组织程序和参与渠道，保障公众对生态环境保护的知情权。动员和支持公众积极践行低碳、环保、绿色的生活方式。全面推动环境监测、执法、审批、企业排污等信息公开，让政府和企业的环境责任在公开透明中接受群众监督。

（四）生态环境治理机制建构

一是健全多元主体协同治理的监督管理机制。提高环境信息透明度，强化上级地方政府对下级地方政府及部门的监督管理，同时加强地方政府之间、部门之间的相互监督，将生态环境保护与修复纳入地方政府、部门及主管官员的年度考核。提高企业污染排放标准，健全企业环保信用评价体系，实行信息强制披露，建立企业失信黑名单制度等，政府相关职能部门要严格执法，定期或不定期地对企业生产经营活动、排污情况进行全面检查监督，在线监测与人工普查相结合，网络化监测与随机抽样相结合，不仅回头看还要常态化，将减排—达标—再减排—提标落到实处。在政府加强自身监督和市场监管的同时，应引入新闻媒介、网络平台等，强化各主体之间的相互监督。

二是完善多元主体协同治理的生态补偿机制。健全地方政府、企业、公众之间的多方生态补偿制度，完善生态补偿评价体系，分类制定补偿标准，建立多元化、规范化、标准化、动态化的生态补偿机制。扩大以行业协会或商会为代表的企业之间的协同以及政府、企业和以环境非政府组织为代表的公众之间的协同，形成多元化合力。通过政府、市场、社会等多元途径筹措资金，设立生态环境保护与修复专项基金，解决补偿金乏力问题，给予长效化保障。

三是发挥多元主体协同治理的经济激励型市场机制。政府、市场和社会三个层面的共同参与皆应是市场激励机制的应有之义。政府层面通过合理的金融、税收等环境政策，引导市场的绿色发展；社会层面通过绿色消费表达对绿色生产的诉求与激励；市场层面则通过自我管理，形成绿色竞争，获取市场激励和政府激励。例如，绿色供应链就是通过绿色产品连接政府、企业和公众，发挥其环境治理协同作用的市场机制。绿色供应链由公众的绿色消费需求倒逼企业的绿色生产，鼓励社会的绿色认证和评价，激发政府的绿色采购和绿色发展政策，以生态产品为主线，全链条设计自然资源及其生态价值的监测、评价、统计、考核、管理体系，完善负债表核算、离任审计、绩效评估、损害赔偿、承载能力监测预警等制度，从而实现经济效益、生态效益、社会效益的有机统一。

三、多元生态环境治理体系的概念模型

多元生态环境治理体系模型的逻辑结构包含治理主体、治理理念、法制建设、体系建设和机制建设。

第一，治理主体包含政府、市场和社会三个方面。政府方面分为中央和地方两个层面的人民政府、环保主管部门和相关部门；市场方面主要以一般型、污染型和治理型企业构成；社会方面主要涉及媒体、学校、专家、科研机构、非政府组织和公众，并按照其主要职能分为宣教、科研、诉讼和监督四类。

第二，理念共识是多元合作的基础。国家层面以理念引领生态环境治理方向，地方层面结合自然特色创新生态文化，企业和公众将绿色发展理念融入生产和生活方式，将市场价值和社会价值嵌入生态价值。

第三，法制建设应立改废释并举。中央层面应进一步建立并完善流域和区域的跨界生态环境治理法律法规，地方层面应深入探索多元主体协同治理的法制保障，市场主体作为法律法规合理性的实践检验者，社会层面通过公众盲点监督和理性组织整合，形成对法律法规立改废释的有效建议和依据。

第四，体系建设。中央权威统筹流域和区域生态环境治理工作，地方层面纵向垂直管理，将市场和社会方面共同纳为生态环境治理主体。

第五，机制建设包含各主体的内在动力机制和外部互动机制。政府主体的主动性来源于理念认同、实践观察、体制廓清和机制保障，市场主体的主动性取决于市场利益竞争和伦理角色认同，社会主体的主动性在于协作意愿激发、途径保障和效果落实。政府和市场主体的互动主要在于引导、规制、激励和利用市场机制，政府和社会的互动主要在于宣教、咨询、诉讼和监督四个方面，市场和社会主体的互动则通过媒体的曝光与宣传、技术指导与纠错、第三方企业合作桥梁建设与非政府组织资金支持、公众消费与监督实现。

第三章

全球环境治理体系及责任分担机制创新

第一节　全球环境治理体系

一、全球环境治理的主要法律和制度

（一）《人类环境宣言》

1972 年 6 月 5—16 日，首个环保会议联合国人类环境会议在瑞典首都斯德哥尔摩市隆重举行。斯德哥尔摩会议提出的观念成为之后国际环保法律和实践的基石，虽然之前也有其他会议和区域性组织尝试去提出具体环保措施，但直到斯德哥尔摩会议才首次明确提出了地球生态保护框架。虽然会议上的许多建议是由 1968 年召开的联合国教科文组织生物界会议内容发展而来，但斯德哥尔摩会议召开的政治背景绝无先例。这是首次多国首脑齐聚，一起探讨政治、社会和经济上的全球环保问题，并且决心采取正确行动。这次科学、国际政治、公众关注的碰撞使得国际社会首次思考，如何携手关注环境问题。会议经过热烈讨论和激烈争论，通过了三项文件《人类环境宣言》《行动计划》和《关于机构和资金安排的决议》。这三个文件在同年 12 月的联合国大会上都获得通过，包括 26 条原则，109 条建议，并成立联合国环境规划署。斯德哥尔摩无疑是国际环保主义的里程碑。

联合国人类环境会议决议，即《人类环境宣言》，体现出了需求矛盾和调和方案。《人类环境宣言》的终稿其实与 1970 年 3 月提出的草案相比已经有了明显变化。在 1971 年 9 月的第三次筹备会上，公众关注也开始上升，会议必须要提出文件来给出具体解决

措施。

加拿大提出的草案是立法的第一步。这份草案列出了大量法规和原则，包括国家主权限定、国家对境内污染的责任，以及国家对造成他国及公共区域污染的责任、赔偿和协同解决。尽管终稿几乎是完整保留了草案的第 21 条和 22 条原则，但这份加拿大草案只是明确了权利和责任，几乎没有触及如何结合环境和发展。中方代表团提交给拟案委员会的意见包括十条看法，他们也通过一个民间公益组织报纸将意见向外界透露。第一条看法主要强调了要克服困难，结合环保和发展。关于环保和发展间的关系，意见阐释为：经济发展和社会进程对人类是必需的，对环境的总体提高也是必需的。发展中国家希望能够建立起现代工业和农业，来保证国家独立和发展。发展中国家和发达国家是有必要区分的，每个国家的环保政策都不应阻挡国家发展。

其他观点包括：要求国家采取温和政策限制人口增长，采取计划生育措施，认为不必对人口暴增有过分担心；国家对国内资源主权；污染赔偿措施（和加拿大草案相关内容基本一致）；技术引进条例。虽然南北半球依然矛盾重重，美国尤其反对中国提案，但各国逐渐在关键问题上达成统一。在一些条款上，发达国家和发展中国家内部也不是完全一致，所以达成最终法案要克服的不仅仅是南北半球间的矛盾。

要想达成一致，最终需要的是把发展中国家的提案，尤其中国的，糅合进会议最终决议里。比如，中方提案前言的第四页指出，不发达才是发展中国家诸多环境问题的罪魁祸首。另外，中方提案的第五页也指出，"人口增长会导致环境恶化"这一观点并不可取，人类是地球最宝贵的资源，也是社会发展和财富增长的源头，只是伴随人口增长会产生一些副作用。

会议还发生了另一个重大改变，即会议决议应该制定资源共享策略，而不仅仅着眼于环境保护。决议的第五条和第十条说明了这一改变。决议第五条称："使用地球不可再生资源时，必须避免耗尽该种资源，并且为全人类福祉而使用。"之前这一条款仅仅是关注了环境保护，但是巴基斯坦提议加入这一条款的后半段，"并且为全人类福祉而使用"。索恩指出，这一公平分享的方针也出现在了其他宣言里，例如之后的海洋宣言。九个非洲国家联合提出了第十条条款，即"为确保发展中国家能够合理使用环境资源，必须保证初级产品、原材料的稳定定价和合理利润"。这两条条款也符合第二条条款所诉的总则，即各国有责为全人类保护地球资源。

《人类环境宣言》作为一份重要的国际环境法文件，其主要内容可分为两大部分。第一部分阐述了 7 项关于人类环境问题的共识。这些共识第一次集中体现了第二次世界大战后国际社会面对日益恶化的环境状况深刻反省而形成的对人与自然的关系的最新认识，标志着人类对环境问题的认识发生了巨大飞跃。比如，如何认识人与自然的关系。《人类环境宣言》指出："人类既是他的环境的创造者，又是他的环境的塑造者。"在发达国家与发展中国家所面临的环境问题有何差异方面，《人类环境宣言》认为"在发展中的国家中，环境问题大半是由于发展不足造成的。在工业化国家里，环境一般同工业化和技术发展有关"，在如何实现保护人类环境的目标问题上，《人类环境宣言》强调"种类越来越多的环境问题，因为它们在范围上是地区性和全球性的，或者因为它们影响着共同的国际领域，将要求国与国之间的广泛合作和国际组织采取行动以谋求共同的利益"。第二部分载明了26条指导人类保护环境的方针和原则，它为国际社会采取协调行动制定了行为规则，被视为主要的国际环境制度。这些原则主要包括：人类享有环境权；必须合理利用地球的资源；经济与社会发展是非常必要的，但各国应使其发展计划做到发展同保护和改善人类环境的需要相一致；在国际环保事业中，应照顾到发展中国家的情况和特殊性，各国有资源开发的主权，但同时有责任保证在他们管辖或控制之内活动，不致损害其他国家的或在国家管辖之外地区的环境，各国在国际环境合作和解决

国际环境争端的解决中，遵循平等与合作原则，确保国际组织发挥协调、有效和能动的作用等。

《行动计划》共包括109项行动建议，主要涉及自然资源管理，其在世界环境事务中占有举足轻重的地位。《行动计划》监测并控制具有广泛国际意义的环境问题、环境教育和国际合作等。对于国际环境制度，人类环境会议具有重要意义。第一，《人类环境宣言》所载明的一系列共识和原则代表了人类对人与自然的关系的认识的新高度，为国际环境制度的发展奠定了思想基础。第二，《人类环境宣言》提出了一系列保护和管理全球环境的基本原则，大大充实了国际环境制度的内容和范围。第三，会议的一个硕果是联合国规划署的诞生，为国际环境保护事业提供了一个有力的组织制度。

（二）《里约宣言》

1992年联合国环境与发展大会可谓是由布伦兰特的报告及随后的国内国际改革演变而来。通过该会与产生的一系列协议反映了一种固有的政治进程，这一点是布伦特兰的报告或多或少忽略的。联合国多边外交的性质使得从斯德哥尔摩遗留下来的悬而未决的紧张局势在环发大会上重新浮出水面，有时甚至会使联合国的外交活动倒退到20世纪70年代的南北僵局。毋庸置疑，呈现出与斯德哥尔摩会议的相似之处，南北方在谁该承担更大的责任等问题上分歧不断。

尽管紧张局势依然存在，但1972年之后发生的无数变化使得僵局不太可能重现，比如，南北方对国际环境治理达成共识、南方领导人和南部联盟内部对环境问题态度的转

变等。

对于环境治理的认识并非局限于精英阶层。20 世纪 90 年代，南方非精英观点表达出对当地、国家及国际环境状况的高度关注。1992 年，调查了来自全球 24 个国家对于环境问题的态度观点，发达国家民众认为环境问题严重的受访者比例最高在德国 67%，中间日本 42%，最低芬兰 21%。相对应发展中国家比例分别为韩国 67%，智利 56%，菲律宾 37%。种种迹象表明，环境问题已经得到公众的关注，并被认为是与当地经济、社会发展有关的主要问题。此外，大多数发达国家和发展中国家都愿意放弃一些经济增长，以减少环境恶化。南部非政府组织大规模加入地球高峰会议和全球论坛，表现出发展中国家对环境保护的重视。

尽管很多因素提高了公众意识，但 20 世纪 80 年代一系列国际环境灾难增加了公众对环发会议的担忧及国际合作的压力。单一的环境灾难也可能造成国际影响，比如，1984 年印度博帕尔联合碳化物工厂有毒气体泄漏，数以万计的平民百姓伤亡。此外，诸如，臭氧耗损、热带森林砍伐、生物多样性减少等重大国际问题引起各国政府和平民大众的重视。1988 年，北美炎热的夏天激发民众对气候变化前景的担忧，创造了草根力量，确保了 1992 年里约热内卢召开的环发会议具有群众基础。

至于联合国环境与发展大会的另一半，在斯德哥尔摩之后的 20 年，发达国家没有必要使人信服发展在里约热内卢的位置。由于环发会议发源自布伦兰特委员会的提案，当时联合国召开的一个关于环境与发展的会议决议指出发展得到同样的提案。此外，联合国系统内发展与环境之间的联系已建立良好，现有的处理全球环境问题的制度安排大都接受了这种联系，并在不同程度上将其与他们的项目联系起来。虽然南北之间仍然存在不信任，但没必要像当年斯德哥尔摩会议时一样，专门提出报告指出环境问题与发展中国家贫困问题的关系，大会秘书处还需花费时间精力说服发展中国家参与或承认全球环境是值得国际社会作出反应的问题。相反，实质性的谈判着重于全球环境行动方面责任、义务、权利的划分，采取行动的方式以及为行动提供资金、技术支持。

地球峰会甚至提出了行星安全的新概念。包括苏联领导人戈尔巴乔夫和美国副总统戈尔在内世界各国领导人、决策制定者，纷纷对这一扩大化的安全概念进行宣传，使其在冷战后迅速流行起来。这些因素综合起来，使环发会议的重要性进一步提升，同时也确保了从一开始环发会议就不仅仅是像斯德哥尔摩一样的环境会议。

地球高峰会议于 1992 年 6 月 3—14 日举行，178 个国家会聚一堂，其中，有 100 位是国家元首代表，1420 个公认的国际非政府组织出席会议，另外 8000 个国际非政府组织出席了在附近举办的全球论坛。会议成果主要包括《里约宣言》《21 世纪议程》第 40 章详细行动计划、《森林原则》的非约束性声明等。两大环境条约在进行单独谈判后也在会上进行了签字。《联合国气候变化框架公约》是由 1990 年联合国大会决议设立的一个国际间谈判委员会商定的。《生物多样性公约》是 1989 年由环境署理事会授权的一个特设专家工作组开始谈判的。1991 年，谈判小组更名为政府间谈判委员会。环发组织还建立了联合国可持续发展委员会来监督《21 世纪议程》的执行情况。

《里约宣言》阐述了有关环境与发展问题的 27 条原则。其中，主要的原则包括：确认人类处于可持续发展问题的中心和人类享有健康生活的权利；重申各国拥有按照其本国的环境与发展政策开发本国自然资源的主权权利，并负有确保在其管辖范围内或在其控制下的活动不致损害其他国家或在各国管辖范围以外地区的环境的责任；发展权必须实现；环境保护工作应是发展进程的一个整体组成部分；消除贫困是实现可持续发展的前提；环境与发展领域的国际行动应优先考虑发展中国家，特别是最不发达国家和环境方面最易受伤害的发展中国家的特殊情况和需要；各国在全球环境保护方面负有共同但又有区别的责任；减少和消除不可持续的生产和消费方式；鼓励公众参与环境事务；反对将环境保护作为新的贸易壁垒；进一步发展关于环境责任和赔偿的国内法和国际法；禁止污染活动和污染物质转移到他国；风险预防原则；污染者承担原则；及早通报原则；各国应制定环境影响评价制度，和平、发展与环境保护是相互依存的；和平解决环境争端；各国以伙伴精神加强合作。

（三）《可持续发展北京宣言》

2008 年 10 月 24—25 日，16 个亚洲国家和 27 个欧盟国家的国家元首与政府首脑以及欧盟委员会主席和东盟秘书长在中国北京举行的第七届亚欧首脑会议上通过该宣言。《可持续发展北京宣言》认识到当前全球人口不断增长与环境持续恶化、资源迅速枯竭及生态环境承载能力减弱的矛盾在许多国家和地区日益凸显，实现可持续发展是全人类共同面临的严峻挑战和重大紧迫任务。宣言还认识到一个平等和包容的社会必须通过统一的战略和政策来解决经济增长、社会发展和环境问题。强调可持续发展和社会和谐相得益彰，应通过可持续发展增加社会财富、改善人民生活、尊重人权，保障和促进社会公平正义和社会和谐。由此可见，可持续发展在社会经济增长与环境保护要求的呼声之下已经得到了全世界广泛的认同，可持续发展道路是人类应对环境问题、保护生态环境与促进人类发展的不二法宝。需要增长来确保世界的共同富裕，也需要环境保护以及经济增长的可持续性。只有坚持可持续的发展才能实现环境保护与经济发展的双赢，为人类世世代代永享福祉创造良好的物质基础与优美的生存环境。亚欧会议成员愿本着互利共赢的精神加强合作，为实现可持续发展作出积极贡献；重申可持续发展关系人类的现在和未来，关系各国的生存与发展，关系世界的稳定与繁荣，各国在追求经济增长的同时应努力保持和改善环境质量，充分考虑子孙后代的需求；重申必须全面实施联合国环境与发展大会通过的《里约宣言》和《21世纪议程》、国际发展筹资大会确定的《蒙特雷共识》,《联合国气候变化框架公约》、第13届缔约方大会通过的"巴厘路线图"，以及可持续发展首脑会议通过的《约翰内斯堡实施计划》等一系列文件中确定的目标、原则和行动规划。

（四）2012年"里约＋20"和《我们憧憬的未来》

该成果文件共283条，分为六大部分：共同愿景、重申政治承诺、在可持续发展和消除贫困的背景下发展绿色经济、建立可持续发展的体制框架、行动措施框架、执行措施。第一，"我们的共同愿景"。"再次承诺实现可持续发展，确保为我们的地球及今世后代，促进创造经济、社会、环境可持续的未来。"第二，"重申政治承诺"。重申了世界各国对《关于环境与发展的里约宣言》《21世纪议程》《关于可持续发展的约翰内斯堡宣言》等地球峰会和后续可持续发展峰会主要成果文件，以及对发展筹资问题国际会议的《蒙特雷共识》等发展筹资机制文件的承诺；评估了目前各国在实现可持续发展方面取得的进展，在实施可持续发展主要峰会成果方面存在的差距，以及需要解决的新问题，并提出要调动主要群体和其他利益攸关方共同努力，实现可持续发展。第三，"可持续发展和消除贫困背景下的绿色经济"。论述了绿色经济对于可持续发展的重要作用，提出了发展绿色经济的政策手段与具体行动，包括建立有关经验分享的国际机制、制定绿色经济发展战略、增加投资、支持发展中国家等。第四，"可持续发展体制框架"。主要从三个层面加强可持续发展，加强可持续发展方面的政府间安排，可持续发展背景下的环境支柱，国际金融机构和联合国业务活动，区域、国家、国家以下和地方各级等五个部分展开了论述。第五，"行动框架和后续行动"。列举了需要采取行动的主题领域和跨部门问题及相应的行动，提出应确定可持续发展目标和相应评估指标的建议，阐述了可持续发展具体领域的未来行动。第六，"执行手段"。从资金、技术、能力建设、贸易4个方面提出了具体实施措施，并对各利益相关方的自愿承诺表示欢迎。成果文件重申了"共同但有区别的责任"原则这一国际合作的基础，敦促发达国家履行官方发展援助承诺，要求发达国家以优惠条件向发展中国家转让和推广环境友好型技术，帮助发展中国家加强能力建设。

二、国际环境组织与机构

作为"硬件系统"，与环境和可持续发展相关的国际组织和机构，负担着组织协调国际环境事务的职能，为可持续发展制度构架提供组织和机构保障。其中，联合国系统负责环境与可持续发展事务的专门机构，如联合国环境署（UNEP）、可持续发展委员会（CSD），以及其他相关机构，如经济社会理事会（ECOSOC）、国际正义法庭（International Court of Justice，ICJ）及联合国大会（UN General Assembly）等都在全球环境治理中分别扮演着重要的角色。例如，1972年成立的UNEP现在是联合国负责环境事务的核心机构，其宗旨是通过鼓励、教育和促进来领导、倡导各个国家和人民对环境进行保护，改善他们的生活质量，而不危及后代人的利益。1992年成立的CSD的主要功能包括：审评执行《21世纪议程》以及里约会议采纳的其他政策工具的进展情况，提出与里约会议后续活动和可持续发展相关的政策建议，促进政府、国际社会以及《21世纪议程》中权益相关方（stakeholders）之间的对话并建立伙伴关系，在联合国系统内协调里约会议后续活动以及负责WSSD的筹备工作等。CSD除组织各国提交《21世纪议程》执行状况的国家报告外，更重要的是提供了一个全球范围、多方参与对话、议题广泛的可持续发展的重要论坛。目前，CSD定期召开的年会有超过50位部长级或高层决策官员出席，并吸引超过1000个非政府组织注册。

（一）决议、宣言、公约、国际环境法及国际论坛

作为"软件系统"，经过谈判各国共同认可的各种决议、宣言、公约及国际环境法为其提供了可持续发展制度的法律保障。其中，决议、宣言多属于道德约束范畴或政治意愿的表达，一般不具有法律约束力，也称为"软法律"。而公约和国际环境法，以多边环境协定（MEA）形式，具有较强的法律约束力，是可持续发展制度构架的核心内容。自斯德哥尔摩会议以来，MEA发展非常迅猛。据统计，现有各类与自然资源和环境相关的MEA已经超过500件。其中，有的由UNEP发起而形成，如《保护臭氧层维也纳公约》，也有的是由其他组织负责管理但与自然资源和环境保护密切相关，如《联合国渔业储量协定》。早期的MEA，往往只是针对有限区域内某一类物种的保护，涉及和影响的范围比较有限，如《保护珍稀野生动物公约》。相较而言，近几年来签署的一系列环境公约，如保护臭氧层的《蒙特利尔议定书》，减缓气候变化的《京都议定书》，以及有关转基因物种的《生物安全议定书》，则对人类经济活动具有十分重大的影响。此外，还有一些重要的环境问题，由于各国在谈判中分歧严重，仍尚未达成正式的国际协议，如森林保护问题。

众多MEA的运作模式不尽相同，但大多以缔约方大会作为最高决策机构，辅以具有特定职能的附属机构或工作小组来处理一些相关问题，如科学技术方面的问题。一些MEA有独立的公约秘书处，如UNFCC的秘书处设在德国波恩，但也一些MEA将总部设在UNEP等现有国际机构。

国际社会就环境问题达成共识的过程并非一帆风顺，在达成法律文件之前，往往需要经历漫长而艰苦的准备和谈判过程。频繁召开的各种与环境和可持续发展主题相关的不同级别的国际会议，包括国际政治议程中最高级别的世界首脑峰会，为利益各方开展对话、

辩论、磋商、谈判提供了有效的平台，也是可持续发展制度构架的重要组成部分。国际论坛尽管不具有法律的约束力，但作为沟通、交流、宣传和教育的重要渠道，具有十分重要的影响力。

（二）资金机制

可持续发展战略的实施，需要大量的资金支持。为可持续发展开辟融资渠道，资金机制起到了无可替代的重要作用。1991年创立的全球环境基金（Global Environment Facility，GEF），由UNEP、UNDP和世界银行三方共同管理，用于生物多样性、臭氧层、气候变化和全球水资源四个领域的环境保护，是目前全球可持续发展的重要资金机制。

除此之外，世界银行（WB）和国际货币基金（IMF），尽管不承担可持续发展资金机制的职能，但其发展战略同样日益显现出对国际环境政策以及受援国可持续发展的重要影响。例如，世界银行在森林、干旱地区、沙漠和水资源等方面的投资，对改善全球环境具有积极作用。随着气候变化公约和《京都议定书》引入，基于市场的三个灵活机制，即联合履行（JI）、排放贸易（ET）和清洁发展机制（CDM），世界银行成立了专门碳资金事务处（Carbon Finance Business Unit），并陆续创立了原型碳基金（Prototype Carbon Fund，PCF）、由荷兰政府捐资设立的清洁发展基金（Netherlands Clean Development Facility）、社区发展碳基金（Community Development Carbon Fund，CDCF）等数个与碳排放和碳汇项目相关的基金，以促进国际排放贸易市场的形成。尽管IMF不如世界银行在环境领域发挥直接的作用，也常常因其短期经济政策可能带来不利于环境的长期影响受到各方的批评，但实际上，IMF的结构调整计划也不可避免地对于受援国可持续发展的长远目标产生影响。

（三）其他国际制度中与环境相关的规则或条款

全球可持续发展制度构架除包含上述直接针对环境问题制定的规则体系之外，还应该包括其他不直接针对环境的国际制度中与环境相关的规则或条款，如世界粮农组织（FAO）、世界卫生组织（WHO）及世界贸易组织（WTO）等，都有涉及环境问题的多边协定或具体规则。

世界贸易组织的前身关贸总协定（GATT）早在1972年就成立了"国际贸易与环境委员会"，但当时该委员会几乎没有什么实质性的活动。1986年GATT乌拉圭回合谈判开始后，随着环境问题日益成为国际社会的热点，以及成员方之间因环境问题引发的贸易摩擦时有发生，关贸总协定不得不将环境议题列入议事日程。在GATT/WTO的历届谈判中，签订了大量多边贸易协定，其中包含一系列与环境有关的协定，如《WTO马拉喀什协定》明确将可持续发展和环境保护确立为新的多边贸易体制的基本宗旨之一，这是相对GATT

做出的重大战略性改革。具体规则如《技术性贸易壁垒协定》《农业协定》《实施卫生和植物检疫措施的协定》《补贴与反补贴措施协定》国际服务贸易协定》以及《与贸易有关的知识产权包括冒牌货贸易的协定》等。这些多边贸易协定的实施对全球环境和人类健康具有重要影响，是可持续发展制度构架的重要组成部分。

三、全球环境治理行为体

（一）传统国家行为体仍然是治理核心行为体

在全球环境治理中，尽管以联合国环境规划署为代表的国际政府组织以及相当数量的国际环境非政府组织在全球环境治理中发挥重大作用，但国家仍是全球环境治理机制中最重要的行为体，各主权国家的政策行为对于国际环境机制的创建、运行和效用具有其他行为体不可比拟的巨大影响力。

主权国家在全球环境治理中的核心地位，具体表现为：

1. 国家环境主权原则是全球环境治理一个极其重要的原则

由于环境问题的超国界性，它越来越成为重要的国际不安定因素：环境问题在国家之间的对外关系中成为国家首要考虑的问题。环境问题与经济贸易有着密不可分的联系，环境问题与目前最时髦的词汇之一"人权"交织在一起，又成为国家安全考虑的重要问题之一。这一切都使国家主权涉猎全球环境问题成为一种趋势，最终导致了国家环境主权理念的形成与确立。而国家环境主权原则也成为全球环境治理的重要原则之一，也有人称之为"国家环境资源主权原则"。

有学者认为，国家环境主权最早可追溯至1939—1941年特雷尔冶炼厂仲裁裁决中，其进一步得到确立是在1962年联合国通过的《关于天然资源之永久主权宣言》之中。它明确各国对其生存环境和资源享有永久主权的权利，各国有权自主决定对其开发利用。它把环境权包含在主权之中，作为主权的一项重要内容。《斯德哥尔摩人类环境宣言》将这一原则表述为"尊重国家主权和不损害国外环境原则"。《里约环境与发展宣言》更是将这一原则作为第二项原则，并指出："依照联合国宪章和国际法原则，各国有按照其环境政策开发自己资源的主权权利，同时亦负有责任，确保在它管辖或控制范围之内的活动，不致损害其他国家的或在国家管辖范围以外地区的环境。"可以看出，这一原则表现为两个方面。首先，它体现为国家享有开发其资源的主权权利，即包括对环境资源的所有权和环境事务的处置权。这是国家主权固有的内容，任何国家、组织和个人不得侵犯。其次，它表现为不损害他国环境和各国管辖范围以外的环境的原则。国家环境主权原则一方面强调各国对自然资源拥有永久的主权；另一方面强调各国在行使各自环境主权的同时负有确保不损害他国和国际共有地区的环境义务，从而保证了该原则的国际合法性与现实的可行性。这一原则在充分赋予各国享有环境与资源开发权利的同时，更强调了国家应承担的环境保护义务，体现了在全球环境治理中的主权国家权利和义务的平衡和统一。两者构成统一的整体，前者是基础、基本前提；后者是保障，两者紧密联系，相互依存、不可分割。它们是同一问题的两个方面，其实质就在于实现国家环境主权权利。

2. 主权国家在全球环境治理机制的创建、运行方面发挥着主导作用

国家是历次全球环境会议的主要参与者，同时也是国际环境立法的基本法律主体，全球环境治理机制中的主要原则、规范和决策程序的确立主要通过主权国家间的谈判、妥协、承诺与认可方可以实现。在全球环境治理机制的创建中，从 1972 年的第一次人类环境大会到 1992 年的里约环境与发展大会再到 2002 年的约翰内斯堡可持续发展首脑会议，这三次具有里程碑意义全球环境会议，尽管有社会各方的努力，有非国家行为主体的参与和影响，但是集立法、执法和行政权力于一身的主权国家无疑是最主要的参与者，而且其政策和态度关系着历次全球环境治理活动的成败。

国家的政策行为极大地影响全球环境治理机制的运行与效用。有学者指出，由于国际机制主要被看作是世界政治的基本特征的调节性因素或者是"扰性的变量"，在缺乏国际政府、法律和法庭来强制执行某种禁制政策的情况下，国际机制的所有政策依然主要在国家政府的层面上得以执行。因此，国际机制的运行和实际效用主要依赖于各参与国家的具体政策的实现。如果不与国家这样牢固的依托相联系，国际机制的作用就会飘忽不定。在全球环境治理问题上，尽管有关国际机制的诸多原则规范还没有落实到具体执行层面，但国际机制的实际运行依然需要参与国际机制的各主权国家出台相应的国内政策法律方可得以实现，其效用更要以各主权国家所愿投入的时间和能量进行衡量。因此，国家的政策行为仍是影响全球环境治理机制的运行和效用的最重要的因素。

3. 主权国家在国际环境法制定和实施过程中，起着决定作用

在国际环境法领域，作为国际环境法基本主体的国家，其主要作用体现在：

（1）缔结环境条约。尽管在环境条约的签署中，非国家行为体的作用不容忽视，其重要性也呈日益增长的趋势，但是国家依然是环境条约签署的决定因素，只有主权国家在实现了部分环境管辖权和使用权的让渡，才能最终形成协议。

（2）承担条约规定的义务及其他环境义务。主权国家是环境法的权利主体，同时也就意味着也是义务主体，也只有主权国家这一义务主体才是最稳定和可靠的。

（3）创立进行国际合作的环保国际组织。国际政府间环境组织的成员无一不是主权国家。

（4）通过国际、国内法两种方式实施环境条约，是实施条约和监督条约实施的主体。任何法律规范，如果得不到有效的实施则是一纸空文。国际环境法亦然。国家是国际环境法的基本主体，国家的实施是基本的、直接的、主要的和决定性的。一方面，各国要使其国内经济手段可以被用来实施国际环境规则；另一方面，国家制定并执行国际环境法的有关法律、法规。

（5）独立地进行国际求偿。作为国际环境法的主体，主权国家具有这一权利。

（6）承担国际环境法律责任。国际环境损害责任制度是一个复杂的综合性的法律责任制度。主权国家是国际环境法上的权利和义务的主要承受者，也是国际环境责任的本主体。如果一个国家的行为违反了国际环境法的义务或造成了他国或国际公域内的环境损害，国家就必须承担国际环境损害责任。同时，一些国际条约也规定，如果一国对其控制或管辖下的个人行为造成了他国或国际公域的环境损害，国家也必须承担责任。

（二）包括联合国主要机构在内的国际组织

联合国参与全球环境治理的主体有两类：一是联合国体系内的相关机构和组织。联合国系统内有30多个机构和项目涉及环境问题和事务，形成了以联合国大会和经济社会理事会为最高决策机构，以联合国环境规划署为核心工作机构，以联合国各专门机构及其他机构如可持续发展委员会、环境管理集团等为主体的跨领域、多层次的体系，在全球环境治理中起着组织、协调和推动作用。二是非联合国系统内的国际组织和机构，如全球环境基金、世界银行和世界贸易组织。另外，也有许多非联合国系统的政府间机构、组织、国家集团等积极涉足环境领域事务，它们常常是在一个领域或次区域范围内活动，有自己独立的环境方案，如欧洲委员会、经合组织、20国集团等。

迄今为止，联合国环境署是联合国系统第一个也是唯一专门处理世界环境事务的机构。成立以来，它通过自身卓有成效的运作，为全球环境保护与可持续发展进程做出了重大贡献，然而随着以气候变化为核心的全球环境问题的日益加剧和复杂化，其组织结构、职权与功能已经无法适应全球环境治理的需要。

联合国环境署（UNEP）在参与全球环境治理的过程中面临着五大挑战：其协调职能不具备，在机构建设上处于弱势，资金来源匮乏，地理位置限制，知识提供者角色弱化。

在联合国系统内部便由环境规划署与可持续发展委员会（UNCSD）、世界气象组织（WMO）、开发计划署（UNDP）等20多个专门机构一同治理环境问题，有效协调机制仍未形成。理论上讲，"全球环境事务首席协调者"是联合国环境规划署职能授权的一部分，但是联合国环境规划署从来没有被给予任何用于实现这一授权的资源或者政治资本，其"协调"其他机构的能力受到了很多束缚，还要在责任划分、政治支持度、各种资源等问题上与联合国其他部门展开竞争，同时它还要与一些独立的多边环境条约及其秘书处在不同层面上竞争。

（三）国际金融机构和非政府组织

第三类主体为国际金融机构和非政府组织，可以理解为是全球环境治理体系中的多边和小多边合作机制。

这类国际金融机构虽然并不是专门针对国际环境目的而设立，但是对国际环境问题却具有相当的影响，并发挥重要作用。最明显的如世界银行、联合国发展规划署以及世界贸易组织等。G20机制对全球环境治理也作出了突出贡献。

世界银行自20世纪80年代以来加大了对贷款项目的环境影响的审查，于1980年发表《有关经济发展的环境政策和程序的宣言》，明确其支持联合国人类环境会议发表的宣言和行动计划，并发布一系列有关环境保护的指令，要求贷款和技术援助项目充分考虑项目的环境影响。联合国发展规划署（UNDP）也自1970年以来加强了对国际环境问题的关注，积极参与热带雨林行动计划和全球环境基金的工作，并响应《21世纪议程》的要求，利用其遍布全球的办事处网络支持《21世纪议程》的执行。世界贸易组织（WTO）从建立初期就注意到贸易与环境保护的协调，《关于建立世界贸易组织的马拉喀什协议》将自由贸易与环境保护作为重要指导原则写入序言。该序言指出，贸易的目的应当包括提高人类的生活水平和根据可持续发展的目标最佳地利用世界资源两个方面。以后世界贸易组织越来越重视抑制贸易中不利于环境的消极方面，并试图以贸易规则来促进环境保护。

正如G20成员在《巴黎协定》框架下所做出的贡献，采取紧急行动应对气候变化及其影响是G20的优先工作。G20财长和央行行长再次号召及早落实《巴黎协定》，重申发达国家和国际组织就气候资金作出的承诺和其他国家的声明。在维护《联合国气候变化框架公约》主渠道作用的同时，自2012年开始，G20气候资金研究小组根据其职责使命，就如何有效提供和动员公共和私人这几年以推动气候适应和减缓行动展开讨论。绿色金融有潜力发挥关键作用，动员私人投资以应对我们面临的气候和发展挑战，促进可持续发展。G20气候资金研究小组明确了G20在绿色金融中面临的挑战与机遇，并制定了供各国自愿考虑的政策选项。G20将继续紧密合作应对气候变化及其影响，推动《巴黎协定》及早生效和落实，鼓励提供和动员更多资源应对气候变化，鼓励资金流向低温室气体排放和具有气候韧性的发展。G20 号召多边开发银行和发展融资机构将应对气候变化的行动纳入发展战略，并鼓励多边开发银行提交应对气候变化的行动计划。G20 将继续研究并深化有关政策选项，增强金融体系筹集私人资本开展绿色投资的能力。

非政府组织较早地广泛参与到全球气候治理当中，近几年来的历次缔约方大会都可以看到大量非政府组织代表参会。非政府组织在研究环境问题、游说地方和中央政府、向国际组织和跨国公司施加压力、监督政府和企业行为、建立环保政策的支持联盟、提高公众环境意识、筹集资金等方面发挥了一定作用。气候变化领域的国际环境非政府组织同样发挥了令人瞩目的作用。

环境非政府组织发展很快，1972 年人类环境会议就有 134 个非政府组织正式登记参加会议，还有一些非政府组织通过一些非正式的行动，如宣传、倡议和游说等宣传国际环境保护思想，对会议的成功召开起到了很大的作用。到 20 世纪 80 年代，环境非政府组织在全球环境治理过程当中更为活跃。据估计，在发达国家就有 1.3 万多个环境非政府组织，在发展中国家大约有 2230 个环境非政府组织。在 1992 年联合国环境与发展大会期间，17000 多人出席了与环境与发展大会同样主题的非政府组织全球论坛，在这个"影子会议"上，非政府组织内部谈判出 30 多个"条约"来给政府施加压力，环境与发展大会的最后文件也吸纳了非政府组织的许多建议。在 2002 年可持续发展峰会期间，1.5 万名非政府组织代表参加了上百场研讨，并通过政府、非政府组织、企业三方互相合作的伙伴关系计划，为非政府组织未来的发展设定蓝图。

四、全球环境治理的主要机制

（一）全球层面正式的国际环境机制

全球环境治理的主要机制包括全球层面及地区层面的正式机制和非正式机制，或称为制度性机制和非制度性机制。全球环境治理的主要机制在内容上一般包括国际条约体系及其缔约方会议、政府间国际组织、国际非政府组织，跨国社会运动，以及这些要素构成的跨国性网络。

1. 国际大气环境保护机制

1992 年《联合国气候变化框架公约》、1997 年《京都议定书》、1985 年《保护臭氧层维也纳公约》、1987 年《关于消耗臭氧层物质的蒙特利尔议定书》及其调整和修正以及1979 年《长程越界空气污染公约》及其议定书。

2007 年《巴厘岛行动计划》（巴厘岛路线图）和德班会议的相关文件是"后京都时代"气候治理安排的重要成果。

2. 保护海洋的国际环境机制

海洋保护国际机制由全球性海洋保护机制和区域性海洋保护机制组成。全球性海洋保护机制主要由 1982 年《联合国海洋法公约》、1972 年《防止因倾弃废物及其他物质而引起海洋污染的公约》、1973 年《国际防止船舶造成污染公约》及其 1978 年议定书、1969 年《对公海上发生油污事故进行干涉的国际公约》、1973 年《关于油类以外物质造成污染时在公海上进行干涉的议定书》、1989 年《国际打捞公约》和 1990 年《关于石油污染的准备、反应和合作的伦敦国际公约》等构成。

3. 国际生物资源保护机制

1973 年《濒危野生动植物物种国际贸易公约》、1992 年《生物多样性公约》及其《生物安全议定书》和 1971 年《关于特别是水禽生境的国际重要湿地公约》（《拉姆萨尔公约》）。

《野生动物迁徙物种保护公约》（Convention on Migratory Species，CMS）于 1979 年签订，其目标在于保护陆地、海洋和空中的迁徙物种的活动空间范围。

4. 国际淡水资源利用和保护机制

赫尔辛基规则是国际淡水资源利用和保护机制中的核心内容。

1992 年《跨界水道和国际湖泊保护和利用公约》、1997 年《国际水道非航行使用法公约》。

5. 国际保护土地资源的机制

1994 年《防治荒漠化公约》是最重要的国际保护土地资源的机制。

6. 国际两极地区环境保护机制

国际两极地区环境保护机制主要由 1982 年《联合国海洋法公约》、1989 年《巴塞尔公约》、1972 年《伦敦倾废公约》、1973 年《国际防止船舶污染海洋公约》及其 1978 年议定书、1959 年《南极条约》、1964 年《保护南极动植物议定措施》、1972 年《养护南极海豹公约》、1980 年《南极海洋生物资源保护公约》、1991 年《南极环境议定书》和 1991 年《北极环境保护战略》等构成。

7. 国际保护外层空间环境机制

国际保护外层空间环境机制主要由 1963 年《部分禁止核武器试验条约》、1967 年

《外空条约》、1972 年《空间实体国际赔偿责任公约》、1975 年《空间物体登记公约》和 1979 年《月球协定》构成。

8．有害物质跨界转移

1989 年《巴塞尔公约》是国际废物管理机制最重要的内容，1998 年《关于在国际贸易中对某些危险化学品和农药采用事先知情同意程序的鹿特丹公约》和 2001 年《关于持久性有机污染物的斯德哥尔摩公约》针对危险化学品类物质的跨界转移进行了严格的规范。

上述三个公约及其议定书、协议、修正案构成了国际社会针对有害物质跨界转移的管控体系。除此之外，2006 年《国际化学品管理战略方针》《卡特赫拉议定书》和针对非洲国家环境保护并于 1998 年生效的《巴马科公约》也都在危险物质跨界转移方面做出贡献。

（二）全球层面非正式的国际环境规制

涉及全球环境问题的国际组织包括政府间国际环境组织（简称国际环境组织）、与环境问题相关的政府间国际组织（简称相关国际组织）和国际环境非政府组织三类。

全球性国际环境组织以联合国框架为核心。联合国体系中，诸如联合国环境规划署、全球环境基金、世界气象组织、国际海事组织、政府间气候变化小组等机构专司环境问题管控，推动相关领域的国际合作和治理安排建设。联合国体系中的这些机构推动召开了斯德哥尔摩会议、1992 年里约峰会、约翰内斯堡会议、2012 年里约峰会等至关重要的环境峰会、可持续发展大会；主持制定了大量的国际环境条约及其议定书；协助各国、各地区建立区域性地区环境治理安排。这些国际组织对于环境治理安排的建设和完善起到了关键作用。

相关国际组织虽然并不专司环境问题的管控，但对于全球性环境问题却有着重要影响。联合国大会、联合国经社理事会、联合国发展规划署、联合国区域委员会、联合国粮农组织、联合国人居署、联合国教科文组织、世界卫生组织、世界银行、世界贸易组织等国际组织普遍参与到全球环境治理事务中来。须知，环境问题具有高度的综合性和复杂性，与经济、社会、贸易等领域紧密交织，也因此尤其强调相关"政策的一体化"（Policy Integration）。相关国际组织的作用因此得以显露；上述国际组织也都在环境治理事务中发挥了重要作用。

国际环境非政府组织在现有针对全球性环境问题的治理安排中的作用，已经变得越发重要。相对于世界经济、金融和反恐等问题，环境问题可能是非政府组织最容易发挥作用的领域之一，非政府组织可以在几乎全部环境治理功能中发挥重要作用，其治理权威尤其体现在议程设定、环境监测、履约监管等方面。通过改善国家行为，尤其重塑消费文化等活动，非政府组织甚至可以创新国家利益。比较重要的国际环境非政府组织如绿色和平组织、地球之友组织等，对于全球环境治理事务有着很大影响。与1992年里约峰会同时召开的"影子会议"上，非政府组织对政府形成了重大影响；里约峰会的最后文件也吸纳了其很多建议。类似的现象在全球气候治理领域也较为常见。

（三）区域层面正式的国际环境机制

1. 综合性环境合作机制

欧洲：欧盟不断将环境保护纳入一体化的重要法律框架之中，包括《欧洲联盟条约》《阿姆斯特丹条约》等，迄今为止，欧盟已形成了一个全面系统的环境治理体系，共有300多个环境法令在欧盟范围内获得通过并实施。

北美：《北美环境合作协议》、1996年北美环境合作基金。亚太：亚太区域环境部长论坛、亚太可持续发展问题论坛。

亚洲：东盟"10 + 3"环境合作机制；东北亚环境会议（NEAC）、东北亚次区域环境合作项目（NEASPEC）、东北亚区域环境合作高级官员会议、中日韩环境部长会议（TEMM）。双边合作有：1994年中日环境保护合作协议，1993年日韩环境保护合作协议，1991年日苏环境保护合作协议（集中在海洋和森林保护方面）等；南盟和南亚环境合作计划，其中南盟框架下的环境合作机制主要由环境部长会议和首脑级会议组成，南亚环境合作计划中包括"南亚区域海洋方案"，主要公约有《南亚区域合作联盟环境合作公约》《达卡宣言》《南亚区域合作联盟（SAARC）气候变化的行动计划》《马累宣言》《延布宣言》等。

2. 大气保护

1979年《欧洲长程越界空气污染公约》。

1978年美加《关于远程越境大气污染研究协议组》（LRTAR）、1979年美加《关于跨境大气质量的共同声明》（JSTAQ）、1991年《空气质量协议》（AQF）。

东北亚大气污染物长距离跨界输送项目（LTP）、东亚酸沉降监测网（EANET）、东北亚沙尘暴防治技术援助项目。

3. 海洋领域

1969年北海沿岸诸国针对海上油污合作签订了《应对北海油污合作协议》（1969《波恩协议》）。

1972年东北大西洋区域针对海洋倾废问题缔结了《奥斯陆公约》、1974年东北大西洋区域针对陆源污染问题缔结了《巴黎公约》。

1974 年波罗的海区域缔结了《保护波罗的海地区海洋环境公约》(《赫尔辛基公约》)、波罗的海国家环境部长会议以及波罗的海国家理事会等。

1976 年地中海区域缔结了《保护地中海防止污染的公约》(后简称为 1976 年《巴塞罗那公约》)。

西北太平洋海域的两个核心机制——西北太平洋行动计划(NOWPAP)和黄海大海洋生态项目(YSLME)。

4.森林保护

东盟:《河内计划行动》《关于环境和发展的雅加达宣言》《地区烟雾行动计划》。2002 年《防止跨国界烟雾污染协议》建立起了森林火灾防控与跨界烟雾协调治理机制。

5.淡水资源保护

保护淡水资源的国际条约多为地区性的多边和双边条约,有莱茵河保护协定、2000 年的欧盟水框架指令(EU Water Framework Directive)和 1996 年的欧盟预防与控制污染综合指令(EU Integrated Pollution Prevention and Control,IPPC)等国际淡水环境管制安排。

大湄公河次区域经济合作机制框架下的环境合作:环境工作组会议、部长级会议及具体领域的项目合作。

(四)区域层面非正式的国际环境规制

国际环保组织:东北亚青年环境网络、白鳍豚组织、国际雪豹组织、国际红树林联盟、太平洋环境、新能源一代、国际植物园保护联盟等、世界自然保护联盟(IUCN)。

波罗的海区域合作的实现,很大程度上是通过借助外部力量的推动来实现,即联合国经济与社会理事会欧洲经济委员会对环境保护的强调以及欧洲安全与合作组织对环境保护的关注。

在西北太平洋区域,外部有联合国开发计划署和 UNEP 的推动,作为一项 UNEP 管辖下的区域海洋项目,NOWPAP 相关法律制度的构建必会得到 UNEP 的支持。在地中海和黑海区域,MEDCOAST 为沿岸国海洋问题提供专业的技术支持,补充和促进了国际组织的相关行动,比如,地中海行动计划、欧盟 W 及海洋间委员会的相关行动计划。

第二节　全球碳减排责任分担机制的创新方向

一、公平性争论的解决途径

在环境责任认定问题上，究竟应当由生产者负责还是由消费者负责，学术界存在很多争论。由于采用不同的责任认定原则会对不同国家产生不同的利益分配结果，各国都坚持对自身更有利的认定标准。这种争论由于都有一定的合理性，逐渐演变成一场国际气候合作中的公平性争论。本节从解决当前这种争论出发，建立起一种同时考虑生产者责任和消费者责任的碳排放责任认定标准。

（一）同时考虑生产者责任与消费者责任的原因

由前面的分析可见，当前基于属地责任原则以直接排放量来记录各国碳排放责任的方法，一方面忽视了引致环境污染的最终驱动因素——消费者责任；另一方面也使公平而严格的气候协议因为碳泄漏的发生而失去效力。因此，《京都议定书》框架下碳减排责任分担机制改革的前提是重新认定全球各国的二氧化碳排放责任。

在列昂惕夫投入产出理论上发展起来的环境投入产出模型，可以用于计算产品从生产到投入和消费各个环节所造成的环境污染，这使得从消费者责任角度认定各国的二氧化碳排放责任成为可能。根据第六章计算出口隐含碳的模型可以看出，当以消费者责任认定碳排放量时，一国的二氧化碳排放应当分为两个部分：一是为满足国内消费而产生的碳排放；二是由于进口而导致在他国产生的排放量。另外，根据多区域投入产生模型（MRIO模型），可以把多边贸易中的进出口细分为满足中间投入的进出口和满足最终消费的进出口。这样，更为准确地计算消费者责任下目标国家二氧化碳排放量的计算方法是：计算所有国家（包括目标国家自身）为满足目标国家最终消费而导致的二氧化碳排放。区别于属地责任原则下直接排放量的计算方法，计算消费者责任下的碳排放量考虑了因为经济联系而导致的间接排放，实际就是把上游生产环节的排放归咎于下游的消耗需求。因此，考虑间接排放时的生产者责任，也有相应的排放量计算方法，即生产者责任下目标国家的二氧化碳排放等于目标国家总产出过程中直接的和间接的碳排放，它包括因为国内消费所导致的直接和间接排放，还包括出口所导致的直接和间接排放。这种方法实际上是把下游排放归咎于上游生产环节。

由上述分析可见，在生产者责任和消费者责任下，计算二氧化碳排放量的结果差别很大，这导致使用不同的责任认定标准将导致差别巨大的责任分担量。如此一来，各国必然争取更符合自身利益的责任认定方法。例如，当前中国的二氧化碳直接排放量巨大，但其中有很大部分为满足国外需求而产生，因此利用消费者责任认定碳排放量的方法将更符合中国的利益。而欧盟等近年来二氧化碳直接排放量有所下降，但其进口隐含碳排放却居高不下，所以以生产者责任来认定的方法将更符合这些国家的利益。虽然，生态足迹理论强调了导致环境污染的最终驱动因素，似乎以消费者责任来认定二氧化碳排放量是符合公平原则的，但是，由于生产者有采取先进技术和选择所需投入原料的能力，即生产者有选择减少环境污染途径的能力，因此，完全不考虑生产者在环境污染中的责任也不能说是合理的。既然如此，在碳排放责任认定中综合考虑消费者责任和生产者责任，将一方面符合责任分担的公平原则；另一方面也避免了使某一方面临的环境责任压力过大而导致争论不断，从而能够促进国际气候合作的实现。

（二）碳排放责任指标的建立

合理分担国际环境责任的指标应当同时具备四个基本属性：一是可加性，要求衡量一国的环境责任等价于衡量其内部所有产业部门的环境责任之和；二是反映由于经济联系导致的间接影响，即要求因破坏环境而在经济上受益的一方付出相应代价；三是关于直接环境影响的单调性，意味着如果直接环境影响上升，则在该指标下的环境责任至少不应下降；四是对称性，指的是在考虑环境责任时将生产者责任和消费者责任原则互换，则该主体所承担的责任量不变。

二、静态减排责任分担机制

如果可以获知某一年份各国的二氧化碳排放量，则可以根据这一环境责任比例具体地量化各国此年份的减排责任。因此，依据前述指标建立的各国碳排放认定标准可以作为全球静态减排责任分担机制的基础。该静态减排责任分担机制符合应对气候变化的公平原则，但限于本研究的缺陷，单独依赖它尚不能完全代替当前的碳减排责任分担机制。

（一）静态减排责任分担机制与应对气候变化的公平原则

综合考虑二氧化碳排放中生产者责任和消费者责任的方法可以作为静态减排责任分担机制的基础。这种静态减排责任分担机制可以从两方面理解：一是只考虑当年责任，不考虑历史责任；二是在数据可得性允许的条件下，将静态责任叠加就可以得到累积的历史责任。这两方面表明，尽管是静态的减排责任分担机制，但它的建立对全球碳减排责任分担依然有重要意义。回顾前述对应对气候变化的公平原则的论述，以及该责任认定指标建立的过程，可以看出，这种静态的减排责任分担机制在下述几个方面符合应对气候变化的公平原则。

1. 统一的责任分担标准

这种静态的减排责任分担机制体现了国际环境问题的基本公平原则——"共同但有区别的责任"。更确切地说，它体现了责任分担标准的统一性和责任分担结果的有区别性。在应对气候变化领域，"有区别的责任"经常被误解为责任分担标准的有区别性。这导致了各国都坚持符合自身利益的责任分担标准，造成争论不断、谈判难以达成。而对"共同但有区别的责任"的正确理解首先应当基于一个统一的责任分担标准，利用达成共识的这把"尺子"去衡量各个国家的责任分担量，从而得到结果上的"有区别"。利用该指标去静态地认定各国的二氧化碳排放责任正是这一把"尺子"，它体现了责任分担中的生产者责任和消费者责任，符合责任分担的公平原则；同时，这把"尺子"又被证明是存在的且是唯一的，因此是责任分担中的一个统一标准。

2. 促进合作达成

由于应对气候变化不能依靠单个国家的努力而实现，所以顺利实现国际气候合作是应对气候变化行动的出发点和落脚点。根据罗尔斯作为公平的正义原则，应对气候变化领域的公平和正义也应当体现出促进各国在平等地位下合作的达成。利用综合考虑生产者责任和消费者责任的二氧化碳排放指标，可以避免在责任认定上生产者责任与消费者责任之争；同时综合考虑两者能够起到协调各国利益的作用，避免出现因某一方承担压力过大而选择拒绝合作的困境。因此，该指标下的静态减排责任分担机制体现了促进国际气候合作这个关键点，是解决各国公平性争论的一个有效途径。

3. 减少碳泄漏发生

由前面的分析可见，如果采用直接排放量作为静态减排责任分担的基础，将会使公平而严格的国际气候协议失去其应有的效力。采用间接排放量标准，同时考虑生产者责任和消费者责任，将不仅使得生产者有动力采取清洁技术或节约能源消耗来减少二氧化碳排放，消费者也有动力减少高污染、高耗能产品的消费。这样，从国家层面来看，由于必须同时承担消费者责任和生产者责任，国家通过进口代替国内排放的做法不再被机制所鼓励，因此能够减少碳排放的跨国转移。同时，高排放的国家也要承担部分的生产者责任，不能因为出口隐含的碳排放量较高而无所顾忌，这样就实现了抑制双方二氧化碳排放的目的。

（二）研究缺陷

如前所述，本部分建立起来的静态减排责任分担机制对全球碳减排责任分担具有重要意义，但该静态责任分担方法不能完全代替当前的减排责任分担机制。最关键的原因是该静态减排责任分担机制在现实数据不可得的条件下无法实现对历史责任的衡量，因此不好利用某一年份下各国的二氧化碳排放量来具体地分担各国的碳减排责任。IPCC 等权威机构曾指出，大气中人为排放的温室气体的不断累积是造成气候变化的主要原因，因此，历史上累积的排放必须考虑在责任分担机制当中。本研究的缺陷是没有具体量化各国历史上的二氧化碳排放量，也因此无法给予各国碳减排责任量的具体意见。然而，可以肯定的是全球因化石能源消耗而产生的大量二氧化碳排放源自 19 世纪中叶工业革命时期，此时的排放责任主要是处于工业化进程中的发达国家。因此，在无法确切衡量在该指标下各国历史累积排放的背景下，强调发达国家率先履行减排责任符合责任分担的公平原则。从这个角度来说，本部分对《京都议定书》框架下碳减排责任分担机制的改进，贡献在于更改当前责任的认定方法，并没用因此而改变发达国家先于发展中国家履行责任的规定。

三、动态减排责任分担机制

考虑造成气候变暖的历史责任，《京都议定书》只规定了发达国家的强制减排责任。然而，发展中国家的状态并非一成不变，随着经济的发展，其也有成为发达国家的可能。那么，在当前定义下的发展中国家是否永远不承担强制减排责任呢？按照应对气候变化的公平原则，答案显然是否定的。本节通过考察能源消费对经济增长溢出效应的国家差异，建立起动态减排责任分担机制，使发展中国家和发达国家一起，按照相同的责任分担标准，承担起"有区别"的减排责任。

动态减排责任分担机制的提出，符合应对气候变化的公平原则，也是解决当前气候谈判争论的有效途径。该机制本质上是一种减排责任的"触发机制"，其建立的关键是解决各国因何而应当承担起强制减排责任。本节从各国抵触节能减排的内在动机出发，建立起该机制的理论基础。

（一）根据各国发展而动态调整的责任分担原则

《京都议定书》框架下全球各国碳减排责任分担机制表现为发达国家承担强制减排责任，而发展中国家可以进行自愿性碳减排。如前所述，这一责任分担机制对碳排放责任的认定基于一种属地责任原则，这不仅容易导致碳泄漏的发生，而且不符合责任分担的公平性要求。前面笔者已经在综合考虑生产者责任和消费者责任的基础上，重新认定了各国的二氧化碳排放责任。然而，受限于数据的可得性，本书无法具体测算历史上所有年份各个国家在这一指标下的二氧化碳排放量。因此，考虑造成气候变暖的历史责任，《京都议定书》框架下发达国家先于发展中国家承担责任是符合应对气候变化的公平原则的。

然而，面对发展中国家日益剧增的二氧化碳排放量，当前减排责任分担机制并没有规定发展中国家未来是否应当进行强制减排，以及在何时、达到什么条件下应当减排。这使得许多学者在分析《京都议定书》的执行效果之时，都将《京都议定书》假设为永远执行的状态，即假设发展中国家永远不承担强制减排责任。他们的研究结果表明，在这种情景下无论是在减排的成本效率方面，还是在实现对温室气体的控制方面，效果都不理想。如此一来，西方学者特别是主流经济学家，对《京都议定书》单边的减排政策的批判更是加剧了，发达国家也更加坚持发展中国家也要承担强制减排责任的主张。

回顾前述应对气候变化的公平原则，其具备的基本属性包括统一的责任分担标准以及在这一标准下得到的"有区别"的责任分担结果。这个统一的责任分担标准应当涵盖历史的责任、消费的责任、生产的责任以及根据各国发展而动态调整的责任。如果说《京都议定书》框架下只有发达国家承担强制减排责任的规定是基于历史的责任，重新制定的碳排放责任指标是基于消费者责任和生产者责任的话，那么，在碳减排责任分担机制中还欠缺另一项重要因素——根据各国发展而动态调整的责任。

国内学者潘家华曾经提出"人文发展"的概念，根据这一概念，各国二氧化碳排放存在着"权"和"限"的要求。其中，"限"的定义明确指出了发展中国家二氧化碳排放也存在着"上限"，即当发展中国家发展到一定水平时，其也要承担强制减排责任，也要减少绝对排放量。因此，建立根据各国发展而动态调整的责任原则符合"人文发展"的要求，也是责任分担方面公平原则的应有之义。同时，规定发展中国家何时承担减排责任，也打消了发达国家对未来的担忧和顾虑，消除了其不履行自身义务的借口，有助于发达国家和发展中国家基于同样的标准建立起沟通和协商的基础，促进国际气候合作的达成。

（二）动态减排责任分担机制建立的理论基础

所谓动态减排责任分担机制，指的是在各国的动态发展过程中存在一个"减排门限"或者"触发机制"，一旦某个国家的某项指标达到或超过这一门限水平或触发值时，这个国家就应当承担起强制减排责任。动态减排责任分担机制体现了根据各国发展而动态调整的责任分担原则，给那些暂时不用承担减排责任的国家提供了一个进入机制，符合应对气候变化的公平原则，同时促进了国际气候合作的达成。

然而，动态减排责任分担机制建立的关键，首先是要确定各国因何而必须要承担减排责任，即明确其建立的理论基础是什么。从国际气候合作的争论来看，各国之所以不愿轻易承担起碳减排责任，主要源于二氧化碳这一温室气体的特殊性。人为排放的二氧化碳大量产生于化石能源的消耗，减少二氧化碳排放意味着减少一国经济发展对化石能源的依赖。然而，能源作为一种重要的生产投入，与经济增长之间可能存在紧密联系。因此，各国担心减少能源消耗可能会降低经济增长速度而大多对碳减排持谨慎甚至反对态度。从这个角度看，如果减少能源消耗对经济增长的负面影响较大，则一国必然有理由拒绝进行碳减排。但是，如果减少能源消耗对经济增长没有负面影响，则此时该国就没有反对碳减排的动机。因此，研究能源消费对经济增长溢出效应的国家差异、将是建立动态减排责任分担机制的基础。具体来说，如果能源消费与经济增长之间存在一种非线性转换关系，则只要找到这种转换点，或者称为"拐点"，那么就可以明确一国何时、达到什么标准下，应当承担起强制减排责任。

（三）动态减排责任分担机制与责任

动态减排责任分担机制建立的理论基础是考虑不同国家能源消费对经济增长溢出效应的不同，是从消除各国反对减排的动机入手而展开的。然而，动态减排责任分担机制作为碳减排责任分担机制的重要组成部分，必须要符合应对气候变化的公平原则。回顾前述关于生产者责任和消费者责任之争，笔者认为公平而促进合作达成的责任认定原则是综合考虑生产者责任和消费者责任。为了与这一责任认定原则相一致，动态减排责任分担机制的建立也需要综合考虑两者的责任。

在本部分研究中，所考察的基本变量是各国的能源消费与经济增长。能源消费量代表了二氧化碳的直接排放量，这只反映了生产者责任。另外一个关键变量是减排门限的选择，即能源消费与经济增长关系的转变因何变量而有所区别。为了考察消费者责任，笔者关于门限变量选择了人均消费水平。这意味着本部分将考察当以人均消费作为门限变量时，能源消费与经济增长之间是否存在非线性转换关系。如果这一关系存在，并且当人均消费水平超过某一门限值时能源消费对经济增长溢出效应不再显著，那么，这些超过门限水平的国家就应当承担起强制减排责任。这样，从动态的角度看各国就拥有了一个进入减排国家队伍的机制。当前不承担责任的国家并非永远不承担责任，当其人均消费水平超过某一上限时，它就应该进行强制减排。而以人均消费作为减排门限、以能源消费作为基本考察变量的做法体现了综合考虑生产者责任和消费者责任的原则，与前述的责任认定标准相统一。

第四章

全球环境治理趋势及中国的应对

第一节　全球环境治理发展及挑战

一、全球环境治理的发展阶段

（一）全球环境治理的兴起阶段

工业革命以来，工业生产形成了环境破坏的加速度，特别是从 20 世纪 30 年代开始，英、美、日等发达国家相继发生了震惊世界的八大公害事件，引起了一些机构和学者开始对环境污染问题的研究。1962 年，美国海洋生物学家蕾切尔·卡逊出版了《寂静的春天》一书。该书敢于向工业文明宣战，唤醒了全世界环境保护意识。西方发达国家出现了示威游行，并逐渐发展成为群众性的反污染反公害的"环境运动"，直接促成了每年 4 月 22 日成为世界"地球日"。环境污染的事实和环保思想的传播使人类对环境保护从意识觉醒到自觉行动，从局部关注到全球共识，整个国际社会对加强环境全球治理的意愿越来越强，发达国家纷纷成立了环境保护机构和加强环境立法，一些环境保护的国际公约也陆续出台，如 1970 年经济合作与发展组织（OECD）环境委员会成立，1969 年出台的《国际油污损害民事责任公约》等。全球范围内环境保护的理论和实践为构建全球环境治理体系做足了充分的舆论准备。

（二）全球环境治理的形成阶段

在国际环境保护舆论和行动的双重推动下，1972 年 6 月 5—16 日，联合国在瑞典首都斯德哥尔摩召开了人类历史上第一次人类环境会议，标志着全球环境治理的开端，会议形成了《联合国人类环境会议宣言》和保护全球环境的"行动计划"的 109 条建议。1973

年 1 月，联合国大会根据人类环境会议的决议，成立了联合国环境规划署（UNEP），设立环境规划理事会（GCEP）和环境基金，其中环境规划署是常设机构，从此国际环境保护有了统一的协调机构。斯德哥尔摩会议所形成的结果虽然没有强制约束力，但开启了国际环境合作的进程，此后，以国际公约为依据的国际环境合作不断开展，内容涉及世界文化和自然遗产保护、濒危野生动植物保护、大气污染、海洋生物资源保护等资源与环境的广泛层面，为国际环境保护提供了政治上和道义上的规范。

（三）全球环境治理的发展阶段

由于国际环境保护的公约和协定缺乏约束力，全球环境治理体系处于极度松散中，国际社会逐渐认识到这一问题，并开始从注重体制构建到注重对策实施。1992 年 6 月 3—4 日，联合国在巴西的里约热内卢召开环境与发展大会，第一次把经济发展与环境保护结合起来，提出了可持续发展战略，通过了《里约环境与发展宣言》《21 世纪议程》等重要文件，签署了《联合国气候变化框架公约》《生物多样性公约》，取得了国际法层面的突破。发展中国家倡导的"共同但有区别的责任"原则在此次会议中成为国际环境与发展合作的基本原则，联合国还成立了可持续发展委员会。在里约会议后的 10 年里，80 多个国家把《21 世纪议程》的主要内容纳入国家发展规划，6000 多个城市在议程的指导下制定了远景目标。国际社会还以运用法律形式加强国家间的环保合作，特别是 1997 年通过的《东京议定书》从一定程度上控制了温室效应。

（四）全球环境治理的分化阶段

由于里约的可持续发展议程与联合国的其他发展程序关系不明确，关于减贫、环境保护、应对气候变化等方面，在联合国内部都没有形成统一的目标，更没有形成具体的行动计划。为此，2002 年 8 月 26 日至 9 月 4 日，在南非约翰内斯堡召开了可持续发展世界首脑会议，会议把可持续发展的共识变成可行性的计划和方案，形成统一的全球目标，并确保付诸行动。全球环境治理开始进入一个短暂相对稳定的阶段，各国尝试履行可持续发展的承诺并为实现共同的目标而努力。但是由于发达国家与发展中国家在"共同但有区别的责任"中的分歧越来越大，发达国家改善国际环境方面的表现也愈加消极，到 2010 年，发达国家的官方发展援助不足其在 1970 年联合国大会中承诺的实现国内生产总值的 0.7% 这一长期目标总额的一半。

（五）全球环境治理的调整阶段

为了在评估现有承诺的进展和实施方面的差距的基础上达成新的可持续发展政治承

诺，2012 年 6 月 20 日，联合国可持续发展大会（又称"里约＋20"峰会）在巴西里约热内卢市召开，产生了《我们期望的未来》宣言文件，提出要设定 2015—2030 年的"可持续发展目标"、在联合国设立高级别政治论坛来整合经济、社会和环境三方面的发展政策、升级联合国环境规划署（UNEP）并为其增加资源和权限。在"里约十20"峰会的呼吁下，联合国大会于 2013 年 3 月通过决议，把由原来 58 个成员国参与的联合国环境署理事会，升级为普遍会员制的联合国环境大会。

2014 年 6 月，首届联合国环境大会通过 16 项决定和决议，决议主张优先应对空气污染。与会代表一致同意推动政府制定跨行业的标准和政策，减少污染物排放并管理空气污染对健康、经济以及可持续发展的负面影响；强烈鼓励各国政府通过开展针对性的行动，消除对野生动植物制品的供给、转运和需求，实现打击非法野生动植物贸易的承诺；推动零容忍政策和可持续发展，并为遭受非法贸易恶劣影响的当地居民提供替代性的生计；关于海洋塑料垃圾和微塑料的决议关注这些材料对海洋环境、渔业、旅游业和发展的影响，呼吁加强行动，加强信息交换机制，要求环境署在下一届联合国环境大会前提供微塑料的科学评估报告；强调健全的化学品和危险废物管理是可持续发展和 2015 年之后发展议程的重要组成部分。

同时，首届联合国环境大会再次重申了成员国在里约＋20 成果文件《我们希望的未来》中作出的承诺，特别是可持续发展背景下的环境支柱部分和第 88 款加强环境署的作用。第一届普遍会员制的联合国环境大会强调了其作为全球环境的权威部门，应对全球环境挑战并为联合国系统提供全方位的政策指南的重要历史意义，认可了联合国环境大会在推进完整和连贯的可持续发展环境支柱方面的基础作用，以及为全球环境议程制定解决方案的作用。联合国环境大会期间举办的可持续发展目标和 2015 年之后发展议程（包括可持续消费和生产）全体部长会议呼吁把环境支柱彻底地纳入可持续发展进程当中，承认健康的环境是实现有雄心的、普遍的和可实施的 2015 年之后可持续发展议程的必要条件和关键因素。

2016 年 5 月，第二届联合国环境大会召开，此次环境大会是继 2015 年联合国可持续发展峰会通过《2030 年可持续发展议程》、巴黎气候变化大会通过《巴黎协定》后，联合国召开的又一次以全球环境为议题的重大会议。此次大会以"落实 2030 年可持续发展议程中的环境目标"为主题，努力实现可持续发展目标，要求联合国环境规划署加强现有伙伴关系，并启动新的伙伴关系，包括私营部门和公民社会。联合国环境规划署已经在"可持续金融体系设计之探寻"项目和可持续融资计划中取得了不错的成绩，各成员国要求联合国环境署继续推进相关工作，推动金融与环保产业融合。针对《巴黎协定》，联合国环境大会认为，联合国环境署应该加大对各国，尤其是发展中国家资金、技术和能力建设的支持，从而更好地实施协定。

同时，第二届联合国环境大会探讨全球环境治理和可持续发展等议题，达成 25 项具有里程碑意义的重要决议，内容涉及海洋污染、野生动植物非法贸易、空气污染、化学品和废物以及可持续消费和生产等，为全球实施《2030 年可持续发展议程》和《巴黎协定》奠定了基础。针对非法野生动植物贸易，第二届联合国环境大会在第一届联合国环境大会成果和联合国大会 69/134 决议的基础上，通过一项新决议，敦促成员国在国家层面采取进一步措施，通过国际和地区合作，防止、打击和消除野生动植物及相关产品的供应、运输和需求；大会讨论和研究如何解决海洋垃圾及碎片问题及如何更好地管理化学品和废物，促进人类健康。另外，针对环境和移民的研讨会深入探讨了武装冲突及其与环境的关系的影响。食品浪费和可持续消费和生产，在碳排放量、资源使用、消除饥饿等方面都与《2030 年可持续议程》和《巴黎协定》的实施休戚相关。针对这一方面的决议也得以通过。决议呼吁加大努力和合作，每年减少 1/3 的粮食浪费。各成员国都致力于实现可持续发展目标——可持续消费和生产。

当前，全球环境治理进入调整阶段，一方面，各个国家按照既定的目标和公约履行各自的承诺；另一方面，环境治理中的国家分歧仍然难以消除，全球环境治理体系在复杂的利益博弈中艰难地完善。一些非政府组织、企业也纷纷参与进来，使全球环境治理呈现出主体多元化、治理结构多极化、议题多样化、参与层面广泛化等特征。

二、全球环境治理面临的挑战

从意识到环境问题的存在到开展全球治理，从一部分国家参与到越来越多国家的加入，从纯粹地解决环境污染到力求实现人口、资源、环境协调的可持续发展战略，全球环境治理从意识到行动都在不断地走向成熟。但是这种进步是不平衡的，伴随着发达国家环境治理成效的是发展中国家工业化进程中的环境破坏，伴随着区域性国家间的共识的是不同国家间的意识分歧，全球环境治理体系在困境中艰难完善。

（一）全球环境持续恶化，弱化了民众对环境治理的信心

尽管国际社会在环境保护方面做出了诸多的努力，但是生态环境恶化的趋势并没有得到有效的遏制，生态危机和可持续发展的危机仍然未得到解决。例如，全球二氧化碳排放继续呈上升趋势，2011 年比 1990 年的平均水平高出近 50%。全球物种群正在减少，1970 年以来，脊椎动物种群已经减少了 30%，土地转用退化已导致某些自然生态环境系统减少了 20%。全球每年丧失数百万公顷的森林，可再生的水资源也变得更为稀缺，估计

当前有 28 亿人生活在水资源紧张的状况下，如果不实施新的有效政策，到 2030 年，预计全世界将有一半人口生活在这种条件下。广大人民期待了多年的环境改善没有实现，全球环境治理拉锯战式的谈判也难免使得广大民众失去耐心。如何重新赢得广大民众的信任，构筑全球环境治理体系的信心支撑是这一体系的重要的保障。

（二）全球环境治理机制落后，难以提供动力

联合国环境规划署作为全球环境治理的重要机构，其内部的部门分散，工作程序和机制僵化，缺乏资金支持和长远的战略思维，环境治理的力量显得分散化和碎片化，在全球环境治理中的领导力和号召力越来越弱。全球环境治理中的核心力量出现了泛化，发展中国家的兴起，极大地冲击了长期以来以美国、欧盟等为代表的发达国家的领导力量，全球环境机制亟须在各方力量相互制衡中寻求新的平衡。此外，全球可持续发展理论与实践的差距、制度建设的滞后、资金和技术支撑不足，等等，决定了现有的全球环境治理机制难以为全球可持续发展方式转变提供充足的动力。因此，有必要从环境融资、规则、实施和制度等方面进行改革，推动全球环境治理体制机制的创新。

（三）全球环境治理体系内部矛盾重重，难以形成治理合力

基于利益的分歧、价值观的不同和对权力的追逐，全球环境治理体系内部的分化使其难以形成外在治理合力。主要表现为发达国家与发展中国家关于生态危机的成因，以及环境问题责任的划分上存在着分歧。发达国家虽然在全球环境治理方面拥有技术、资金、管理等方面的优势，但在具体行动上却趋于保守消极。它们不承认自己的历史责任，推延履行甚至规避自己的援助承诺。发展中国家面临着发展经济和保护环境的双重任务，但是发达国家在把责任推向发展中国家的同时也提出了一些苛刻的援助条件。同时，发达国家为了争夺全球环境治理的主导权，在治理模式和机制的设定上存在着分歧，如在全球气候治理方面，欧盟的积极推动与美国的消极应对以及加拿大、日本等国家的观望态度形成了鲜明的对比。发展中国家在全球环境治理的一些议题上也存在分歧，中国、印度以及几个拉美国家等坚持要求发达国家承担历史责任，而一些贫困国家、小岛国联盟等则要求发达国家和发展中大国都需加大减排力度。

（四）全球环境治理的支撑不足，影响了治理效力

全球环境治理是一项系统性的工程，需要有大量的资金、技术、人才等要素支撑以及一系列的配套改革和服务。现实情况是，广大的发展中国家和不发达国家经济发展落后，有限的资源都被集中起来发展经济，对可持续发展的统计体系不完善，数据缺乏，难以进

行定期的检测评估。虽然当前的国际环境治理谈判中对关于发达国家的资金、技术等援助责任已经形成了较为广泛的共识，但是在具体执行过程中却没有强制力和约束力，以至于很多国家没有履行约定，或者在援助的过程中呈现碎片化的趋势。就联合国环境规划署等全球环境治理机构而言，作为非营利性机构，其资金来源有限，融资方式单一，环境保护的技术创新能力不足，更缺乏相应的懂技术、会管理的人才，以至于日常的全球环境治理能力难以持续，收效甚微，只能依靠不定期的全球性环境会议来巩固和强调。

（五）全球环境治理的主体单一，抑制了创新活力

最初的全球环境治理主要是以新自由主义理念为基础，以西方国家的推动和控制为主，随着新兴国家的兴起，以西方国家为主导的治理模式逐渐向以服务全球民众利益的模式转变，但这没有从根本上改变发达国家治理的主体地位。不管是由谁来主导，全球环境治理主体都是以政府部门为主；虽然也有非政府组织和企业的参与，但是作用有限。比如，在"里约＋20"峰会上，改革可持续发展的制度框架是焦点问题，但是磋商者都聚集于诸如联合国规划署、可持续发展委员会和经济社会理事会等政府间组织上，参会的非政府组织和企业在关键性的制度设计上缺少发言权。这种单一的全球环境治理方式把私人参与治理排斥在全球治理体系之外，长期以来只在既定的模式和框架内进行调整，难以有实质性的突破。

第二节 中国在全球环境治理中的角色定位及战略选择

一、中国和全球治理

学界对于中国与全球治理问题的讨论主要围绕"要不要参与""以什么身份参与"和"如何参与"三个问题展开。多数学者已经基本认同中国参与全球治理，只是参与的程度和重点上还存在分歧：一部分学者强调中国参与全球治理的重点在国内；一部分学者主张中国要更大程度地在国际层面争夺规则制定权和话语权。但他们都普遍强调，中国应坚持在全球治理体系中的"现状国"、建设者的定位，以及"发展中国家"的身份属性，并且认同

中国应以加大国际公共品提供、联合"金砖国家"和培育社会组织作为具体抓手，以承担与中国自身实力和能力相适应的国际责任为原则来参与全球治理。中国现代国际关系研究院张敏谦研究员认为，全球治理的国际战略环境并未发生根本变化，中国仍需积极参与全球治理，坚持推动国际合作。学者们从多方面强调了当前中国积极参与全球治理的意义。黄仁伟从宏观上把握中国积极参与全球治理的意义，强调中国积极主动参与全球治理，不仅有利于世界和平与发展，也为中国外交掀开了新的一页；曲星强调了中国参与全球治理的内外意义。他指出，中国有必要提升参与能力，更深入参与全球治理，这对内来说有利于中国自身发展，对外来说可为国际秩序向更加公平合理的方向发展提供更多"正能量"。张晓敏认为伴随着国际格局多极化和经济全球化的深入发展，人类面临的全球性问题日益增多。"人类命运共同体"理念作为中国提出的一项关于构建世界新秩序、解决全球性问题的国际主张，包含了中国对于全球治理所做出的创新性理解和阐释，既与全球治理理论在价值目标和理论定位上具有一致性，又实现了对全球治理理论的扬弃性超越，从而在核心价值层面具有了更高的普世性；武汉大学虞崇胜教授提出要以"类文明"作为全球治理的共识性价值，从中国传统的"和而不同"精神中汲取智慧，推动全球治理的变革；中国政法大学曹兴教授提出"全球伦理的二象性结构"理论，以解决思想界对全球伦理问题的争论，并且为人类走出全球问题带来的危机提出解决方案；中国政法大学刘贞晔教授提出，国际人权议题具有"多层次性"和潜在的"超主权性"特征，人权议题进入国际关系领域给国际政治带来了重要变化；吉林大学刘雪莲教授认为，后危机时代全球治理面临着失败的危险，应对之道在于使国家、市场、社会三个层次遵循"金字塔式构图"运行：国家依然处于中心地位，市场力量应受到来自国家与社会的制约和监督，个人的解放是实现全球正义的有效途径。

毫无疑问，随着中国在全球治理中的作用越来越突出，我们需要开展基于中国视阈的全球治理研究，尤其要制定中国的全球治理战略。该战略应在理论上阐述中国解决全球性问题的世界观，在实践上提出中国解决全球性问题的方案，并应具有综合性，着眼于长远、现实可行且能够为其他国际行为体所接受和分享。中国的全球治理理论、中国与国际规则制定、中国与现存国际制度改革、中国与地区问题治理、中国的国际领导等议题应是中国的全球治理战略回答的问题。目前来看，中国参与全球治理的特点表现为：中国参与全球治理的动力日益增强，范围明显扩大；中国偏重全球经济治理，并在其中发挥重要作用；中国参与全球治理的主体显然是政府，非政府力量依旧薄弱；国内层面的全球治理比重较大，跨国合作"全面开花"。

显然，中国正在成为全球治理的有生力量，特别是在全球经济治理中作用突出；而且，中国参与全球治理的自觉性、积极性都有明显提高，但至今仍是全球治理中的"配角"，呈现出被动性、滞后性；中国参与全球治理多受制于国际利益的考量，其主导性理念仍是现实主义、国家主义，加上有保留的多边主义，远未提升到全球主义的高度。所以，中国参与全球治理的能力亟待提高。

"人类命运共同体"理念是中国对于全球治理最重要的贡献。"人类命运共同体"的思想基础是马列主义的和平共处国际关系理论，又与建设中国特色的社会主义紧密相关，且强调中国传统文化的"和为贵"理念，可以一定程度上认为它是中国的"全球治理"理念。因此"人类命运共同体"远远比西方传统"全球治理"理念更具包容性，它不仅能参与"全球治理"，而且能超越"全球治理"。中共十八大报告中指出，全球治理机制正在发生深刻变革。在其中，"人类命运共同体"的概念被正式提出："这个世界，各国相互联系、相互依存的程度空前加深，人类生活在同一个地球村里，生活在历史和现实交汇的同一个时空里，越来越成为你中有我、我中有你的命运共同体。"

"人类命运共同体"强调国际体系的均衡发展，并呈现出多种不同"次均衡"状态共存、共赢和共生，通过推动建设建立和谐共生的新型国际政治秩序和合作共赢的新型经济秩序，必将成为未来新型国际秩序均衡的思想基础。

首先"人类命运共同体"强调重建世界秩序的基本理念。秦亚青指出，在一个全球化的时代，在一个新兴大国群体崛起的时代，需要构建融合各种文明、治理思想的新的治理体系，也需要重建世界秩序的理念原则。为此他提出了三个基本的秩序理念：多元主义（pluralism）、伙伴关系（partnership）和实践参与（participation）。"人类命运共同体"强调共同体内部各成员和平共处、互利合作，实现共同安全和共同利益，并认为当前世界是一个你中有我，我中有你的世界。各国应该多元共生、包容共进、同舟共济，以实现共同发展，连带发展。这些理念与之前的共同体思想是一致的。"人类命运共同体"强调渐进性，主张从某一地区的国家之中先行试点，在沟通磨合中，逐步推进，逐步发展。从之前的世界其他地区共同体的实践经验来看，较为成功的共同体建设如欧盟和东盟都是以渐进式的方式进行推进，由浅入深，由易至难。我国提出的"人类命运共同体"立意高远，但同时落脚踏实。在落实"人类命运共同体"过程中，我国并没有提出好高骛远、超出自身能力和他国接受度的方案。"人类命运共同体"首先以周边国家和非洲国家为切入点进行构建，正是体现了"人类命运共同体"务实和渐进的特征。与之前各种共同体思想类似，"人类命运共同体"也认为共同体内部的大国应该更多的承担责任，积极地向共同体内部各成员提供公共产品。之前的经验表明，维系一个共同体的有效运作，需要该共同体内大国扮演相比其他国家更为积极和建设性的角色。例如，欧洲一体化进程中的每一次重大推进的背后几乎都与法德两个大国所起的积极作用密切相关。"人类命运共同体"表明了中国积极承担国际责任，向命运体内各成员国提供有效公共产品的担当。但是，中国在"人类命运共同体"内承担更多责任，提供更多的公共产品，并不表示我国希望将"人类命运共同体"建设成一个以自身为霸权核心的联盟体系或势力范围，中国与共同体内部成员地位平等，互相尊重。

其次，"人类命运共同体"不同于西方的共同体理念，是对传统共同体的超越。"人类命运共同体"发扬了中国传统思想中的"和"的精神，强调和而不同。与其他共同体强调身份一致，价值观趋同不同，"人类命运共同体"在处理共同体内部异质性和同质性这一矛盾时采取了更为包容辩证的态度。"人类命运共同体"意识到命运体成员的多样性和多元诉求以及共同体中不同理念之间的张力，但"人类命运共同体"不主张通过消灭异质性的方式来获得共同性，"人类命运共同体"主张通过不同类型、不同理念的成员相互交流，形成尊重多元基础之上的共识。"人类命运共同体"内各成员不仅要做到求同存异，还要比"异"齐飞，理解并欣赏对方与自身的不同之处。

最后，"人类命运共同体"尊重成员国主权，照顾成员国舒适度，不提出超过成员国发展阶段的目标。相比于其他几种类型的共同体强调主权让渡，"人类命运共同体"更加强调尊重成员国主权的重要性。王帆指出，世界各国目前面临的整体威胁远远大于局部威胁，要求人类寻求更大的联合。而西方发达国家奉行弱肉强食的丛林法则，坚持赢者通吃的零和博弈，长久以来已成为冲突和战争的根源。在这种背景下，人类命运共同体的理论萌芽已经产生。虽然"命运共同体"意识到一定程度的超国家机制建设对共同体的有效发展而言是必需的，但是这决不能侵害"命运共同体"内各成员国主权。这主要是因为，当前情况下"命运共同体"主要针对我国周边国家和发展中国家，这些国家长期受到帝国主义、殖民主义侵害，其对于主权格外珍惜，对让渡其主权格外敏感；同时，这些国家还处于国家建设进程中，在此期间让渡主权也会导致其国内政局不稳。故而，我国提出"命运共同体"要尊重各成员国主权，在不干涉其内政的情况下，加强对这些国家的引领与帮助。

"人类命运共同体"将会赋予中国在全球治理中以新的角色。"命运共同体"反映了中国领导人对世界秩序的深刻思考和对人类命运的深切关怀，具有强烈的价值导向。故而要在世界上推广"命运共同体"为核心的话语体系。如何贯彻命运共同体思想：首先是"做得好"是基础，体现话语权的硬的方面。需要我们在命运共同体的指导下，积极地引领一些既有的全球治理实践，比如，上合组织、中非合作，再如亚投行、金砖银行。这些中国所引领的组织要怎么体现命运共同体思想？如何成为先进的全球治理制度的代表？这都是值得我们深入思考的问题。我们需要通过有效的治理实践来凸显命运公共体思想的功能性，并且是可以有效地促进全球治理实践的，否则就是空谈。其次是"讲得懂"，要与西方既有理念进行有效对话，不能完全自说自话，否则不能够实现规范的传播。因此要加强"命运共同体"与中国核心价值观的联系，将中国核心价值体系投射到命运共同体理念之中。最终使"命运共同体"的价值内涵与中国梦和社会主义核心价值体系相联，使"命运共同体"成为中国梦与世界梦相联系的纽带。最后是"会表达"即在话语权的宣传方面，大大加强中国故事的宣传。特别是在外交层面，人类命运共同体无疑是中国作为全球性大国的最关键的支撑，也是世界欢迎一个崛起的大国的最重要理由。"命运共同体"丰富的内涵使其可以根据我外交布局安排，灵活使用，在整体理念保持一致连贯的情况下，根据不同区域情况进行有针对性的调整。针对大国和发达国家，应突出强调"命运共同体"的哲学意义和价值导向。要突出"命运共同体"与发达国家既有共同体理论的共性，从而使其提升其在价值层面对中国的认可。针对新兴大国和发展中国家，中国应该突出"命运共同体"不同于西方价值体系的内涵和创新之处，提升中国价值理念的吸引力。针对周边国家，应在宣传"命运共同体"这一理念的同时，积极充实"命运共同体"内涵，以"互联互通"、"一带一路"等为抓手来打造中国与周边国家的"命运共同体"。

二、中国的挑战与应对

中国的挑战与应对有国际和国内两个方面，国际方面主要涉及战略层面和技术层面，国内方面主要是建设生态政府的压力与应对。

从战略层面看，我国已经成为全球环境治理的关注焦点。全球环境治理的运作和发展不仅对解决全球以及我国的环境问题产生直接的作用，而且对我国在国际和国内的政治和经济运营也有着重要影响。对此，我国应转变思路，积极主动地参与全球环境治理的规则制定和效果监督。中国在全球环境治理中面临着诸多的战略挑战，包括中国日益成为全球环境治理的关注焦点、中国逐步进入积极参与国际环境规则制定与全球化管理的新阶段、中国国内环保工作与全球环境治理有着显著差别、中国国情的不断变化导致在全球环境治理中的立场摇摆、中国参与全球环境治理的能力不足、中国的非政府组织力量薄弱。中国可以从以下几个方面应对：明确自身在全球环境治理中的利益，加强全球环境治理的意识；从熟悉学习阶段向主动参与制定规则阶段转变；发挥我国环境非政府组织在全球环境治理中的积极作用；开展全球环境治理专项研究，制定战略规划和行动方案；加强全球环境治理人才队伍建设。

从技术层面看，面对气候变化和全球环境治理，我国的适应科技发展尚未达到满足生态文明建设与经济社会协调发展的要求。在我国当前的气候变化适应相关研究中，存在气候变化适应研究与传统行业或领域研究边界不清、适应方法学不完善、适应研究与影响评估预估研究分离、基础—应用基础—应用全链条研发缺失、缺乏实践中可操作性强的适应技术体系、与重大需求结合不紧密、瓶颈问题未能有效突破等问题。在相关科研任务部署中，顶层设计不足，"小、散、碎"问题突出，"孤岛"与"礁体"成果繁杂，标志性、科技发展增量和显示度尚嫌不足。适应气候变化科技发展面临着三方面的重大问题：一是当前广泛应用的"草根"适应技术与重大科技创新的关系问题；二是国际合作与自主创新的关系问题；三是适应与减缓协同的具有可恢复力（resilient）的低碳发展路径问题。中国既要对当前的"草根"适应技术大力挖掘凝练提升，又要实现适应科技的重大突破；既要加强适应科研的国际合作，又要大力加强自主创新，同时在"南南合作"中促进适应的理论创新、丰富完善中国的适应技术体系；既要针对 2030 年温室气体排放达峰寻求低碳的弹性的适应气候变化的发展途径，又要通过采取有效的适应措施支持减缓目标的实现。具体来说，要加强顶层设计，优化整体布局；加大研发投入，优化资源配置；推进能力建设，增强适应能力；加强国际合作，促进自主创新。

从国内方面看，中国政府需要建设生态型政府，实现国内的可持续发展，为参与全球环境治理提供长足的动力和后盾。应对与解决全球环境问题迫切需要发展全球多元环境主体和建立全球环境合作机制的全球环境治理。而全球环境治理中的非政府主体成长和参与，以及合作性规制制定和实施都必须依赖生态型政府的支持与引导以及主导与推动。真正全球环境治理的非政府主体兴起有力促进生态型政府的职能转变，其民主责任模式要求深入推动生态型政府的民主进步，而扭曲全球环境治理的强势国家主权干涉则严重阻碍生态型政府的自主发展。全球性环境问题的日益严重已构成了 21 世纪以来主权国家面临的新型挑战，这实际上折射出全球问题的两个重要特点：一方面，环境问题涉及了人类生活的各个方面，并都有真正的全球背景，而没有一个可以仅仅归结为局部的、民族国家的、特殊制度和意识形态下产生的问题，它们带有普遍性和一般性，是每个主权国家都要面临的现实挑战；另一方面，全球环境问题是全球化和全球治理进程的产物。很多全球问题是由于全球化进程中，西方工业文明在全范围内的扩张所造成的，是全球化社会由于自身的属性所带来的不可避免的后果。全球环境危机不是哪一个国家所能单独应付、处置和解决的，环境问题的全球性质要求危机的克服或缓释必须有全球性的努力。地球生态系统是一个自然实体，它并不以行政疆界为限，只遵循客观的自然规律，在空间上表现为连续性、互动性。正因为自然界是一个完整的连续体，使得环境污染具有了扩散性、跨疆域性。一个环节发生污染很可能会波及整个地球生态系统。因此，国际环境问题管理是任何一个主权国家独力所不及的事情，人类只有通过国际间的合作才能应对，而作为全球利益攸关方的中国，则更需要和其他国家发展环境外交，促进全球环境问题的良好解决。

第三节　中国和南北环境合作治理

一、南北环境合作发展演变

南北环境合作肇始于 20 世纪 90 年代，1990 年联合国大会讨论环境和经济发展问题，从此南北环境合作被正式列入国际治理议程。联合国大会 44/228 号决议指出："严重关切全球环境不断恶化的主要原因是不可持续发展的生产和消费方式，特别是发达国家的这种生产和消费方式。" 1992 年 6 月 3—4 日，联合国在巴西的里约热内卢举行了环境与发展大会，为了更好地适应南北环境合作发展的需要，联合国在里约会议之后又召开了一系列国际会议，如，1993 年的维也纳世界人权大会、1995 年的哥本哈根社会发展世界首脑会议、1996 年罗马世界粮食首脑会议等，逐渐形成在全球、区域、国家及地区层次上发达国家与发展中国家、政府与企业界通过合作商讨解决全球环境问题的新模式。到 20 世纪 90 年代初，初步形成了以联合国环境规划署为核心，其他国际环境机构为补充，全球环境大会为国际论坛的一种横向的、平行的松散的国际南北环境合作。

1992 年联合国环境与发展大会一致通过的《里约宣言》指出："为了更好地处理环境退化问题，各国应该合作促进支持性的和开放性的国际经济制度，这将导致所有国家实现经济增长和可持续发展，为环境目的而采取贸易政策措施，不应成为国际贸易中的一种任意或无理歧视的手段，或成为变相的限制。"

（一）合作原则的确立

"共同但有区别的责任"原则的明确提出是在 1992 年的里约联合国环境与发展大会所形成的一系列国际环境公约中。"共同但有区别的责任"包括了两个组成部分：第一部分是所有国家所具有的在国内、地区内和全球范围内保护整个环境或部分环境的共同的责任；第二部分就是要考虑到不同的情况，特别是有关国家在造成某种环境问题上所起的作用以及该国家在预防、减少和控制环境问题等方面的能力。"共同但有区别的责任原则"主要体现在《里约宣言》原则 6 和原则 7、《联合国气候变化框架公约》第三条和《生物多样性公约》序言中。1989 年联合国大会通过的 44/228 号决议指出："严重关切全球环境不断恶化的主要原因是不可持续发展的生产和消费方式，特别是发达国家的这种生产和消费方式。"该决议还明确指出："注意到目前排放到环境中的污染物质，包括有害和有毒废料，绝大部分源自发达国家，因此认为这些国家负有防止这种污染的主要责任。"根据"共同但有区别的责任"，发达国家需要承担主要全球环境保护责任，因为环境问题主要是发达国家在工业化过程中过度消耗自然资源和大量排放污染物造成的，而目前占人口比例很少的发达国家在继续消费大量资源。发达国家占世界 24% 的人口却消耗了 67.5% 的世界资源，发展中国家占世界 76% 的人口仅消耗世界资源的 32.5%；发达国家人均标准能源消耗量高达 28 吨，而发展中国家的人均标准能源消耗量只有 0.5 吨。从里约热内卢、约翰内斯堡一直到联合国千年首脑峰会，该项原则一直在各项联合国公约、议定书、声明、发展计划等被重申和强调。

（二）协调南北关系

很多大规模传染病和环境灾难都发生在南方国家。1992 年里约热内卢《环境与发展宣言》也指出："发展中国家特别是最不发达国家和在环境方面最易受到伤害的发展中国家的特殊情况和特殊需要应当受到优先考虑。"因此，南北问题特别是南方国家的发展问题是解决全球生态灾难和卫生疫情的前提。在联合国政府间气候变化谈判委员会和联合国环保署等部门的协调下，"共同但有区别的责任"这一原则作为南北方国家的共识得到认可。中国所提议并通过的联大第 58/3 和 59/27 号关于"加强全球公共卫生能力建设"决议也要求发达国家在防疫领域切实向发展中国家提供帮助。而 2005 年联合国千年首脑会议成果文件则重申："在艾滋病危机防范领域，发达国家应履行承诺，为发展中国家艾滋病防治提供更多资金和技术支持。"防范气候变暖危机的《联合国气候变化框架公约》的 FCCC/CP/1995–FCCC/CP/2001/ 等文件也敦促各国加强信息通报和国际政策协调等。

原有环境治理的南北主线不断削弱，污染大国和污染小国的矛盾突出。随着新兴发展中大国崛起，发展中国家之间发展程度和差距越来越大，发展中国家谈判阵营的立场差异和分歧逐渐扩大；应对气候变化等全球环境问题的潜在矛盾逐渐表面化，尤其在减排目标和责任等方面：如从 2005—2030 年，中国和印度能源需求增量将会占据全球增量的 45% 以上。因此，小岛屿国家和对气候变化影响脆弱的非洲贫困国家要求制定一项比《京都议定书》更加严格的具有法律约束力的协议，

要求实现 1.5℃ 的减排目标，这一要求遭到经济快速增长的发展中国家的普遍反对，认为达到这个目标将会使经济发展出现倒退。中国气候变化谈判代表团副团长苏伟也强调，发展中国家内部由于情况不同、地理位置不同、资源不同，应对气候变化的立场存在很大的差异，这使得中国借助发展中国家维护自身利益的程度相应会受到一定的限制，而

且承担着来自发展中国家内部的越来越大的压力。欧美等发达国家在气候变化中长期减排方面立场的固有差异仍未解决，对国际合作模式的认识差异增多。如，美国代表的伞形联盟与欧盟在气候变化的认识、应对的方法、国际合作，以及对发展中国家的要求等诸方面立场固有差异仍未解决，新的矛盾增多。美国国内立法让奥巴马无法在气候变化领域施展才华，美国更无法接受《京都议定书》模式。欧盟虽然承诺至 2020 年将排放量降低 20%，德国、英国和部分北欧国家希望将其减排幅度提高至 30%，但增大减排幅度引起东欧国家、意大利等国的激烈反对，导致欧盟无法形成统一行动。以气候变化为例，20 世纪确定以"共同但有区别责任"、《京都议定书》等为基础的全球环境治理的"南北格局"的时候，发展中国家二氧化碳排放只占全球的 32%，其中中国占 11%；发达国家在减排潜力、排放量等方面占据绝对优势，因此发达国家率先承担减排义务，并为发展中国家提供资金和技术支持是全球共识。经过 20 多年的发展变化，谈判方内部减排能力、潜力、经济实力等发生了巨大变化。2007 年政府间气候变化专门委员会（IPCC）评估报告认为，发展中大国的减排潜力日益增加，2000—2030 年，基于能源使用碳排放量 2/3 或者 3/4 增长量来自发展中国家。世界银行的报告认为到 2030 年，大部分新增的全球能源消费将会来自新兴发展中大国，其中，中国占 55%，印度占 18%。中国 1997 年的排放水平就已经达到3367.7 万吨，约占全球年度排放总量的 14.23%，位于世界第三位，仅次于美国和作为整体的欧盟，到了 2010 年左右，中国排放量已经超过了欧盟和美国。印度 2030 年之前能源消费增长 3—4 倍，排放量增长 40 亿—70 亿吨，从 2001—2025 年占全球的 4% 排放量上升到 6%。正因为如此，随着各国减排潜力、排放量发展变化，全球环境治理的"南北格局"中的稳定状态开始逐渐失衡。一方面，由于地球排放空间有限，而排放量增长迅速的发展中大国日益成为减排的新焦点；另一方面，发达国家由于经济垄断优势在削弱，领导全球减排和提供资金技术支持的意愿也在下降。如 2011 年之后，因为美国国内减排立法已经停止，欧盟在 20% 中期减排目标止步不前，加拿大政府也借口无力支付违反《京都议定书》减排目标的罚款而退出，日本因核电站事故而放弃了哥本哈根会议所提的减排的目标。

二、中国参与南北环境合作的发展历程

中国是一个新兴的发展中大国，是联合国安理会常任理事国，在全球可持续发展治理领域具有重大的责任。对于中国来说，21 世纪是中华民族全面振兴发展、全面融入世界和扮演负责任大国的新世纪。随着中国综合国力的不断增强，全球可持续发展日益成为中国外交的重要内容。中国围绕可持续发展目标的外交有三项原则：一是可持续发展和发展

密不可分；二是发达国家必须首先承担全球可持续发展灾害的历史责任，并为发展中国家提供可持续发展保护技术和资金援助；三是在国际可持续发展保护中尊重主权原则。国际可持续发展秩序的建立需要在国际合作与国际冲突层面、全球化以及国际机制建设层面创建共同参与、求同存异的新秩序，能够促使围绕可持续发展目标的外交实践朝向有利于我国的趋势发展。而新秩序的推进、围绕可持续发展目标的外交主体的多元化，发展中国家在国际可持续发展机制的构建与完善中的积极参与，将有利于构建基于互利共赢机制的国际可持续发展秩序，共同践行可持续发展；软实力概念以及基于知识与文化的国际机制，为发展中国家在围绕可持续发展目标的外交中提供了新的视角与着力点，可以努力通过民族文化的魅力促进沟通、包容与合作；面对冲突，应该有更广的视野、更多的策略、更强的信心去规避与化解国际可持续发展冲突、承担起"共同而有区别的责任"，寻求与开展互利共赢的国际可持续发展合作。

在多边和双边围绕可持续发展目标的外交方面，中国从维护国家可持续发展权益、履行国际义务、促进国际可持续发展合作的目的出发，加入了 20 项多边可持续发展公约。中国是一个发展中国家，同时又是一个可持续发展资源大国，中国政府高度重视围绕可持续发展目标的外交，许多国家领导人出访都将可持续发展保护作为一个重要活动内容之一。在《蒙特利尔议定书》谈判过程中，中国为资金机制的建立发挥了重要作用。在中国的倡导下，最终成立了多边基金。中国积极加入多边公约的同时，也积极参与区域性多边围绕可持续发展目标的外交与合作，如，APEC 可持续发展保护中心、东北亚可持续发展合作、东亚海和西北太平洋行动计划等。中国与联合国可持续发展规划署、全球可持续发展基金、多边基金等许多可持续发展保护多边机构建立了密切的联系。

中国始终注意加强与广大发展中国家的团结与合作，尤其在各公约及其相关问题的谈判过程中。在 1991 年的北京发展中国家可持续发展与发展部长级会议上，广大发展中国家和中国就可持续发展保护形成了共同立场，并通过了《北京宣言》。在历次多边和双边围绕可持续发展目标的外交谈判中，尤其在里约环发大会和可持续发展首脑会议上，中国坚持"共同但有区别的责任"的原则，提出发达国家对保护可持续发展负有比发展中国家更多的义务，理应率先行动起来，为保护全球可持续发展做出贡献。中国认为对广大发展中国家的发展权理应得到维护。

中国不仅积极参与现行国际制度，同时提供了大量的全球治理产品，与其他国家一起"相互帮助、协力推进，共同呵护人类赖以生存的地球家园"。20 世纪 70 年代以来，中国参与制定了几乎世界上所有重要的制度和规范。反映了中国政府积极参与国际制度和规范的建设，这些制度和规范既包含中国的主张和看法，也推动中国外交新的重要领域和合作方向。

三、中国参与南北环境合作的特点与趋势

中国环境外交的指导思想是在捍卫国家环境权和争取国家发展权的同时，兼顾国际共同环境利益，并利用中国的国家实力谋求特定的政治目的和其他战略意图。具体到应对气候变化领域，其外交的指导思想是："根据《联合国气候变化框架公约》及《京都议定书》的规定，坚持共同但有区别的责任原则，积极推动落实巴厘路线图谈判，为气候变化国际合作作出更大贡献。中国愿同国际社会一道，为推动世界实现和谐发展、清洁发展、可持续发展而不懈努力。"在环境外交中，应依托既有的国际法规范，并完备指导环境外交的基本原则：

（一）可持续发展原则

认同可持续发展原则，既关注全球性环境问题，又关注对国内有直接影响的环境问题，在全球范围内，将对环境与经济福利的关注结合为一体，可以为通过外交来协调环境全球化、经济全球化之间的关系搭建合作框架。

（二）国家权益至上原则

环境外交毕竟还是外交活动，原则上首先服从于主权国家的外交战略和外交政策，服务于国家利益，国际共同环境利益只能兼顾，而不能冒进。当需要开展环境外交的多边协调时，多边机构具有体制基础能够成功完成任务，并且是对中国国内可持续发展政策的一种补充时，中国应在环境外交领域积极地利用多边主义，但是当多边机制缺乏成功地完成使命的能力时，国际利益决不能让位于"国际环境利益"，基于与发达国家政策的"对等性"安排上述环境外交的基本原则，将能有理有据有节地破斥发达国家本着本国国籍利益至上原则打算牺牲中国利益而提出的任何谈判要价。尽管西方学者一再宣称"全球化不仅仅改变了国家活动的内容，而且改变了国家本身的基本性质"，但是国家外交活动还没有脱离追求国家利益的本质，还没有哪个国家能够做到不顾自身利益，追求所谓的"国际利益至上"的。

（三）"共同但有区别责任"原则

中国仍然是典型的发展中国家，有权利"发展优先，兼顾环境"，这也符合"共同但有区别的责任"原则的本质要求。"共同但有区别的责任"的原则是国际环境合作的核心原则。不论发达国家还是发展中国家，都有采取减缓和适应气候变化措施的责任，但是由于各国历史责任、发展水平、发展阶段、能力大小和贡献方式不同，发达国家要对其历史

累计排放和当前高人均排放承担责任，率先减少排放，同时要向发展中国家提供资金、转让技术；发展中国家要在发展经济、消除贫困的过程中，采取积极的适应和减缓措施，尽可能少排放，为共同应对气候变化做出贡献。随着环境问题日益政治化，环境外交也从战术层面向战略层面综合发展。

目前环境外交的现状是战术层面与战略层面并举，趋势是战术层面合作增多、战略层面比过去更加受到各国政府重视。从战略层面为环境外交奠定中长期的发展框架，将为实现上述环境战术寻求稳定的发展方向。"共同但有区别的责任"原则正式确立于1992年。当年6月，在巴西里约热内卢召开的"联合国环境与发展大会"上，大会正式批准了《联合国气候变化框架公约》。公约的第四条正式明确提出"共同但有区别的责任"原则。从此该原则成为可持续发展领域具有相当法律约束力的国际法原则。其实"共同但有区别的责任"原则早在20世纪70年代初就已经在国际发展合作领域内开始形成。1970年联合国大会制定的官方发展援助目标，即发达国家承诺将国民收入总值的0.7%用于对发展中国家的发展援助；1972年斯德哥尔摩人类环境会议宣示，保护环境是需要全人类共同承担的责任，但发展中国家的环境问题"在很大程度上是发展不足造成的"。这应该就是"共同但有区别的责任"原则的雏形。正是因为"共同但有区别的责任"原则在国际发展领域已有长久的实践并已成为国际法原则，所以《中方立场文件》非常明确地提出要坚持"共同但有区别的责任"原则，并且认为"这是国际社会在发展领域的重要共识，是开展国际发展合作的基础"。因此，在2015年之后发展议程中不仅在可持续发展方面而且在加强全球发展伙伴关系方面都"应建立更加平等均衡的全球发展伙伴关系，致力于促进共同繁荣与发展，其核心仍是南北合作，南南合作是南北合作的有益补充"。

四、中国南北环境合作与外交战略

在南北环境合作方面，中国需要加强环境外交部署。中国环境外交战略应分层次：国内、周边、全球三个层次。在国内层次，主要关注对国内产生直接影响的国际环境事务，确保国家环境安全，确保国家生存与发展不受国际环境因素的影响。此层次关注问题，包括外来污染、生物入侵、能源安全、绿色壁垒、因环境资源因素所受到的军事威胁等。在周边层次，主要关注环境资源因素对周边国家及相互关系的影响，确保中国周边环境的安全与稳定。此层次关注的问题，包括中国国内的污染可能对邻国的影响、邻国存在的可能危害中国的不利环境因素、跨国环境纠纷的解决、跨国资源的分配利用、影响双边关系发展的环境因素、地区整体环境受到的威胁等。在全球层次，主要关注对世界整体环境产生影响的事务，关注世界整体环境安全。此层次关注问题，主要包括全球气候变暖、酸雨、海洋污染、臭氧层破坏、有害物质越境转移等全球性环境问题，以及世界总体能源供给状况等问题。

从南北合作的环境外交战略的实质内容来看，应主要从环境保护、自然资源、能源三个角度加强部署。首先，环境保护层面应主要关注污染的防治与解决、气候变化、水气质量、海洋污染、清洁生产、循环经济、环保产业发展等内容，着眼于狭义环境之安全。在资源层面，应主要关注水土保持、水资源、生物资源、土地、森林、矿产、湿地、草原，着眼于资源安全。在能源层面，应关注石油、天然气、煤炭等化石原料的供应与价格，可再生能源的开发利用、先进节能技术的开发引进、替代性能源的开发等，着眼于能源安全。

从南北合作环境外交的空间部署来看，应总体协调国家利益、国际合作、国际援助三个层次的部署。首先，应使环境外交有利于中国的国际环境事务，主要是国外的环境资金与技术援助。这对于中国环境外交而言虽然是最有利的，但资源总量有限，可发挥空间不大。其次，与他国或国际组织共同合作，互利双赢。这是环境外交的常态，也是最为广阔的空间。最后，中国也应适度承担有利于世界或者他国的环境事务。比如，中国对发展中国家的资金、技术、人员援助，这对中国虽然直接利益不大，但却是中国发挥大国作用，提高影响力和国际地位所必须。对于上述不同层次的环境外交的综合部署，其具体目标、重点任务、策略、方式均应因地制宜，有所侧重。

中国环境外交应该致力于推进发展中国家的经济、社会和环境平衡发展。根据《中方立场文件》观点，2015年以后发展议程应当在全面消灭贫困和饥饿的同时，不断地推进经济、社会和环境的平衡发展。文件将"促进经济包容性增长"全面推进社会进步并改善民生"加强生态文明建设，促进可持续发展"等列为2015年以后发展议程的重点领域：在经济领域"政府应将促进经济增长作为优先目标，不断增加居民收入，提高居民生活水平"；在社会领域需要"推动社会包容性发展，坚持以人为本，着力保障所有人均能共享发展成果"；在环境领域则必须牢记"生态文明建设关系人类生存发展及子孙后代长远大计"，并且"应树立尊重自然、顺应自然、保护自然的生态文明理念，增强节约意识、环保意识和生态意识，形成合理消费的理念和生活方式"。显然，中方所强调的推进经济、社会和环境平衡发展是与可持续发展及包容性增长相互关联的，并且与联合国以及欧盟所强调的2015年之后发展议程应当推进"共创包容且可持续的未来社会"相一致。当前，中国与发展中国家围绕千年发展目标落实展开的合作可谓成果丰硕，特别是在非洲地区。中非围绕千年发展目标落实的合作经历了三个阶段。2000—2005年间，更多由于千年发展目标的具体落实刚刚启动，整个国际社会仍在探讨具体的合作方法和途径，因此双方合作并不是太多，并且主要在多边框架内展开。随着中国政府将 2006 年定为"非洲年"和中非合作论坛北京峰会暨第三届部长级会议召开，中非合作促进非洲千年发展目标落实进入了第二个阶段，直到 2011 年底。这一时期，中国围绕支持非洲千年发展目标实现建立了一系列合作平台，具体可分为双边层次上的中非合作论坛、多边层次上的全球性组织框架和南南合作机制。这一时期的中非合作对推动非洲千年发展目标的实现有着重要意义，"中国是一个重要的贸易伙伴，一个投资的重要来源，传统发展伙伴的一个重要补充"。进入 2012 年之后，中非合作支持非洲落实千年发展目标进入第三个发展阶段，即在继续支持非洲落实千年发展目标的同时，加大了对 2015 年之后国际发展议程的关注。中非双方领导人在多个场合高调宣示双方对继续落实千年发展目标和积极参与 2015 年之后议程的政治意愿，2012 年 9 月中国政策立场文件和 2014 年非洲共同立场文件的出台，以及 2015 年 5 月中国第二次出台中方立场文件，使双方的合作得以朝着更高水平发展。

第四节　展望全球环境治理的中国的作用

一、中国日益走近全球环境治理舞台的中央

环境问题是当今世界面临的一个严峻课题，全球环境治理也成为全球治理的重要内容。全球环境治理（Global Environmental Governance）是通过国际合作解决全球性环境问题，从而维持人类社会的生存与可持续发展，以利实现环境保护与经济、社会发展的协调统一。在这个大背景下，环境外交日益走上国家总体外交的前沿，在全球生态文明建设中扮演重要角色。

从 1978—2018 年这 40 年来，中国面对社会主要矛盾已经转化为人民日益增长的美好生活需要和不平衡不充分的发展之间的矛盾；从国际上看，中国日益走近世界舞台中央，不断为全球治理、人类发展做出更大贡献。要端起历史望远镜回顾过去、总结历史规律，展望未来、把握历史前进大势；要把自己摆进去，在中国同世界的关系中看问题，弄清楚在世界格局演变中中国的地位和作用，科学制定中国对外方针政策。

（一）绿色发展成为引领中国经济新理念

中国 GDP 占全球经济总量比重不断提升，在全球经济的影响力不断攀升，在全球经

济治理的地位日益重要。2016 年中国经济增速为 6.7% 左右，中国经济增速重回全球第一。2016 年中国经济增长对全球经济增长的贡献率超过 30%，意味着中国对全球经济增长的贡献率超所有发达国家之和。2017 年中国 GDP 突破 80 万亿元，2017 年中国经济稳中向好，经济稳定性、协调性和可持续性明显增强。相对于中国经济总量和经济增速，中国经济国际竞争力也在不断提升，竞争力优势不断积累和凸显。

中国高度重视可持续发展和环境治理。中国秉持创新、协调、绿色、开放、共享的发展理念，已经把生态文明建设纳入国家发展战略，推进生态环境治理体系和治理能力现代化，把中国的环境与发展事业推上新台阶。在第二次世界大战后 70 多年后的全球经济秩序复杂演变、国际经济规则激烈博弈、国际经济问题扎堆爆发的多事之秋，中国经济建设和国际经济合作理念和经验，正在为全球科学和创新发展、为人类建设更加美好的社会提供有益经验和宝贵智慧。

中国自觉把经济社会发展同生态文明建设统筹起来，充分发挥党的领导和我国社会主义制度能够集中力量办大事的政治优势，充分利用改革开放四十年来积累的坚实物质基础，加大力度推进生态文明建设、解决生态环境问题，坚决打好污染防治攻坚战，推动中国生态文明建设迈上新台阶。作为世界最大的发展中国家，中国正用自己的行动与智慧，探索一个可资借鉴的绿色发展模式，助力全球应对气候变化和向生态文明转型。

（二）中国特色大国外交理念和实践的科学指引

中国特色大国外交理念作为一种创新性的国际关系思维和外交理念，在理论层面上，为国际关系和国际体系建设翻开了新的时代篇章；而在实践层面上，更是可以成为指导中国未来外交的根本。

1.提供国际公共产品，特别是经济类和理念类公共产品

中国在国际政治舞台，从被动的参与者逐步成为国际体系的重要参与方和塑造者，成为国际公共产品提供者，在亚洲基础设施投资银行、设立丝路基金等方面发挥关键作用。"一带一路"倡议是中国向世界提供的重要制度性公共产品，不仅如此，中国在文化和思想领域也是公共产品供给者，特别是新型国际关系、正确义利观、命运共同体等富有中国特色大国外交理念的国际上思想性公共产品。

2.提升议程设置并增强话语权

在新形势下，中国谋求为国际社会弘扬道义、提供新的国际规范和国际规则，这一切行动的最终源泉为中国外交中的道义传统。随着中国在国际事务中提出越来越多的中国建议与方案，中国将更深层次地参与全球议程设置。在全球环境治理中，中国将逐渐赢得与

自身经济实力和影响力相适应的议程设置能力和国际话语权力。

3. 追求道义和展现负责任的大国形象

新时期，中国国际地位显著提升，中国在全球环境治理和国际经济秩序中扮演更加重要的角色，中国外交进一步追求道义和展现负责任大国形象。随着中国外交迈入全球外交和大国外交的新阶段，中国外交将更加重视获取更多的国际支持与道义力量，实现中华民族伟大历史复兴的文化支撑，更是能为世界和平发展做出新的更大的贡献，推进中国特色大国外交理念和中国形象走上世界舞台中央。

中共十九大报告提出，构建人类命运共同体，建设清洁美丽世界，使中国成为全球生态文明建设的重要参与者、贡献者、引领者。

二、中国是全球环境治理的重要参与者和贡献者

环境治理在国际关系中的地位日益突出，受到各国的普遍重视，在国家元首级的双边和多边交往中，环境成为一个重要议题，环境外交成为国家总体外交的一个重要组成部分。

生态环境问题从更根本的层面上说是由于人类社会中经济、社会、政治、文化与生态环境系统之间的不协调、不匹配、不平衡问题。也就是说，生态环境问题的根本性解决，还有赖于一种全新的符合生态文明原则的新理念、新方案和新型国际关系。

（一）中国理念贡献全球环境治理实践

中国特色大国外交理念的提出回答了很多关于中国与世界的问题，特别是人类在21世纪需要建设一个什么样的世界，以及在新形势之下国家之间应该如何相处。

第一，提出了"世界命运共同体"和"人类命运共同体"理念。"命运共同体"指在维护和追求本国安全和利益时兼顾他国的合理关切，在谋求本国发展中推动各国共同发展，分享、合作、共赢、包容等是其关键特征。中国特色大国外交理念认为，人类应该构建人类命运共同体，它包含伙伴关系、安全格局、发展前景、文明交流、生态体系五个方面，彼此相辅相成，共同形成一个完整的理念。这一理念不仅代表了时代发展的趋势，也应是世界人民共同追求的目标。

第二，共商共建共享原则。2017年9月第71届联合国大会通过决议首次把中方提出的共商共建共享原则（Principle of Achieving Shared Growth Through Discussion and Collaboration）纳入"联合国与全球环境治理"决议中，要求各方本着共商共建共享原则改进全球环境治理。共商共建共享原则，得到了国际社会的广泛赞同和积极响应。全球

治理体制变革正处在历史转折点上，在 2015 年 10 月中共中央政治局第 27 次集体学习中，中国首次提出以共商共建共享为原则的全球治理理念。在 2016 年 G20 杭州峰会上，中国提出了构建全球经济共同治理机制的重要思想和操作抓手：彼此平等、共同参与、合作共赢。2017 年，G20 德国汉堡峰会公报体现了共同行动、分享全球化益处和承担责任的纲领性和指导性思想。

第三，构建以合作共赢为核心的新型国际关系这一宏大构想和以相互尊重、合作共赢的合作伙伴关系为核心特征的大国关系的深化拓展。在全球环境治理上，中国坚持"共同但有区别的责任"原则，帮助发展中国家稳步提高环境治理水平和可持续发展能力；坚持发展中国家的充分参与，发展中国家在面临发展经济和改善民生重任的同时，有加强环境保护和治理的现实需求，应当成为国际环境治理不可或缺的重要参与方。构建以合作共赢为核心的新型国际关系，是对和平共处五项原则的丰富和发展，更是新形势下处理国家关系、加强全球环境治理的新准绳。

（二）中国方案服务全球环境治理进程

推动绿色"一带一路"建设是分享生态文明理念、实现可持续发展的内在要求，是参与全球环境治理、推动绿色发展理念的重要实践，是建构人类命运共同体的重要举措。生态环境是促进"一带一路"绿色发展重要起点和落脚点，有利于加强生态环境保护，增进沿线各国政府、企业和公众的相互合作，分享我国生态文明和绿色发展理念与实践，提高生态环境保护能力，促进沿线国家和地区共同实现 2030 年可持续发展目标，积极构建人类命运共同体。

"一带一路"建设有着绿色发展理念，全球各国所开展和规划的相关动议应当与之协调、对接，共同增进世界人民福祉。"一带一路"倡议已经激发了有关全球发展的新思想、新思维，能够吸引更多合作伙伴共同开展全球性、变革性项目。中国迎来了发展绿色经济的良机，正在实现绿色循环经济目标，例如电子元器件的循环再利用和再供应等。未来不仅在中国，在"一带一路"沿线国家和地区都将实现绿色循环经济。

（三）中国角色是全球生态环境合作和治理的实践表率

第一，加强国际政策对话，推动绿色发展国际共识，推动重点中外环境治理平台建设。利用中俄、中哈、中新，以及中国—东盟、中国—上海合作组织、亚信、中非合作论坛、生态文明贵阳国际合作论坛等多双边合作机制，重点围绕绿色供应链、绿色城镇化、环保产业技术交流、污染防治等主题举办绿色"一带一路"交流活动，构建"一带一路"生态环保交流合作体系。依托澜沧江—湄公河环境合作中心实施"绿色澜湄计划"；推动中国—柬埔寨环境合作中心和中非环境合作中心建设，为共建绿色"一带一路"设立境外合作支点。继续在中国—东盟、中国—上海合作组织、中日韩环境部长会议等框架下开展生态环境合作。

第二，践行国际环境履约合作，特别是《巴黎协定》的履约。中国是可持续发展理念的坚定支持者和积极实践者，《巴黎协定》凝聚着中国积极参与全球治理、与国际社会携手推进应对气候变化问题的努力；中国率先发布了《中国落实2030年可持续发展议程国别方案》，颁布了《国家应对气候变化规划（2014—2020年）》，始终以合作精神和建设性态度推动全球生态文明建设的进程。

气候变化是人类面临的共同挑战，美国宣布退出应对全球气候变化的《巴黎协定》，人们普遍对全球气候治理的未来严重担忧，中方明确表态，中国将继续做好应对气候变化各项工作，积极参与气候变化多边进程，坚定不移维护全球气候治理进程。

第三，协调全球环境治理关系，在全球环境治理关系网络发挥关键角色。中国积极参与协调南北关系，1992年里约热内卢《环境与发展宣言》也指出，"发展中国家特别是最不发达国家和在环境方面最易受到伤害的发展中国家的特殊情况和特殊需要应当受到优先考虑"。因此，南北问题特别是南方国家的发展问题是解决全球生态灾难的前提。中国积极协调和国际体系主导国美国的关系，美国在对待国际环境体系问题上表现出明显的实用主义，合其意者用之，拂其意者去之。中国积极协调国际合作和利益关系。中国积极通过多边方式影响全球环境治理。在中国主办的G20杭州峰会，中国运用2016年G20峰会来推动可持续发展目标的尽早落实，形成《二十国集团落实2030年可持续发展议程行动计划》。2016年，G20峰会承诺将自身工作与2030年可持续发展议程进一步衔接，努力消除贫困，实现可持续发展，构建包容和可持续的未来，并确保在此进程中不让任何一个人掉队，将推进全球落实2030年可持续发展议程。

三、中国是全球环境治理的重要引领者

（一）引领发展是解决问题的关键的道路

基础设施是一种公共物品，中国通过亚洲基础设施投资银行来支持亚洲国家的基础设施建设，推动区域互联互通、经济增长和社会发展，为全球经济发展提供新动力。亚洲开发银行（Asian Development Bank, ADB）的2017年《满足亚洲基础设施建设需求》报告，重点关注地区能源、交通、电信、水利以及卫生基础设施建设，广泛调查亚洲发展中国家的当前基础设施投资、未来投资需求和融资体制等。亚洲发展中国家若继续保持现有增长势头，持续推进消除贫困和应对气候事业，2016—2030年，其基础设施建设共需投资26

万亿美元，即每年 1.7 万亿美元。亚投行是"一带一路"倡议的先导，亚投行和"一带一路"倡议将中国置于亚洲乃至世界的地缘经济中心位置，也加强了中国与其他国家的经济联系。

（二）共建"一带一路"倡议绿色发展的首要倡导者

"一带一路"倡议是全球最受欢迎的国际公共产品，是国际合作的重要平台。深入落实《推动共建丝绸之路经济带和 21 世纪海上丝绸之路的愿景与行动》，在"一带一路"建设中突出生态文明理念，推动绿色发展，加强生态环境保护，共同建设绿色丝绸之路。

中国与联合国环境署共同启动"一带一路"绿色发展国际联盟。联盟定位为一个开放、包容、自愿的国际合作网络，旨在推动将绿色发展理念融入"一带一路"建设，进一步凝聚国际共识，促进"一带一路"参与国家落实联合国 2030 年可持续发展议程。

（三）首倡人类命运共同体引导全球生态文明建设

人类命运共同体，在中国延续 5000 年的文化中滋养，从近代 100 年的苦难中淬火，于中华民族走向伟大复兴的进程中升华。构建人类命运共同体总目标，是中国共产党人在深刻分析国际国内形势，统筹国内国际两个大局，着眼发展安全两件大事的基础上提出的，中国在全球环境治理进入新的发展阶段，厚积薄发继往开来，创造性展现出前所未有的崭新内涵和时代价值，体现了中华民族伟大复兴对世界贡献与特殊责任。在中国经济影响力不断外溢、经济活动全球化的现实下，当中国的国家道义和正义走向高地，更有利于中国经济优势和经济合作倡议为世界其他经济体接受和赞同。中国的国家道义和正义走向高地的关键在于是顺应时代发展潮流和触发人类心灵深处的口号指引对外政策。环境治理的未来应该是更加光明的未来，各个国家、各个民族的利益是全人类共同利益的组成部分，全人类的利益则系于你中有我、我中有你的命运共同体，共同打造政治互信、经济融合、文化包容的利益共同体、责任共同体和命运共同体，是全球环境治理的目标。

生态文明建设关乎人类未来，建设绿色家园是各国人民的共同梦想。中国何以赢得广泛认可，源于中国一直以来就是全球生态文明建设的重要参与者、贡献者、引领者，为促进世界可持续发展、维护全球生态安全发挥了积极而独特的作用。中国积极参与全球环境治理进程，推动形成公平合理、合作共赢的国际环境治理多边体系。

第五章

环境法的基本理论

第一节　可持续发展理论

一、可持续发展理论的产生

（一）可持续发展理论产生的背景

可持续发展（sustainable development）的思想源远流长。我国春秋时期老子主张"道法自然"，与大自然和谐共处。《周易》提倡"生生不息变易观"，蕴含着朴素的可持续发展思想。先秦时期产生的保护生物资源以便持续利用的思想，可以说包含着朴素的经济可持续发展思想。

任何一种理论的产生，都根源于社会的物质生活条件，是人类对当时特定的物质生活条件思考的产物。可持续发展理论的产生也是如此，其不是凭空产生的，是人类对以破坏环境换来经济增长速度反思的结果。工业革命以来，随着人类"改造自然、征服自然"的不断推进，社会生产力显著提高，人类文明空前发展。但随之而来的环境问题也不断发生并日益恶化。在 20 世纪，世界环境污染公害事故显著增加。20 世纪30—60 年代发生了马斯河谷事件、多诺拉烟雾事件、伦敦烟雾事件、日本水俣病事件、四日市哮喘事件、米糠油事件、疼痛病事件、美国洛杉矶光化学烟雾事件等"旧八大公害事件"。这些公害事件致使众多人群非正常死亡、残疾，给人类带来了灾难。这就从根本上动摇了工业文明时代经济社会发展模式的合理性，迫使各国不得不寻找一种更为健康、有效的新型发展模式和发展思路。可持续发展理论正是人类反思工业文明、积极探索经济社会与资源环境和谐共生之路的产物。

可持续发展的理论渊源是生态伦理思想。自近代西方工业革命以来，人类与自然的关系日益异化，走上了一条与自然相对立的发展道路。20世纪中期以来，在出现了"旧八大公害事件"后，又产生了"新八大公害事件"，不但破坏了生产，而且对人们的身体健康造成极大损害。人类在反思人与自然的关系后，对人类中心主义产生了严重的质疑，随之兴起了生态中心主义。

人类中心主义是"把人类的利益作为价值原点和道德评价的依据，人类的一切活动都是为了满足自己的生存和发展的需要，如果不能达到这一目的的活动就是没有任何意义的，因此，一切应当以人类的利益为出发点和归宿"。"生态中心主义提出环境伦理学的中心问题应该是生态系统或生物共同体本身或它的亚系统，而不是它所包括的个体成员。生态中心论的根据是，生态学揭示了人类和自然的其他成员既有历时性也有共时性的关系，他们共同是生命系统的一部分。"因此，我们应该考虑整个生态系统，而不是把母体与个体分隔开。多数现代的道德理论，把注意力集中于个体的权利或利益，与此不同，生态中心主义是一种整体论的或总体主义的方法。它依据对环境的影响判断人类行为的道德价值。因此，当其他方法力图把传统的西方道德规范扩展至关于动物和环境问题时，生态中心主义力图建立一种新的伦理模式。"土地伦理学"和"深层生态学"是这种倾向的最重要的代表。生态中心主义者所面临的主要问题是如何把环境的利益与人类个体的权利与利益相协调。

从人类中心主义、生态中心主义到可持续发展理论的嬗变，充分体现了人类对发展问题孜孜不倦的探索。可持续发展理论从根本上摒弃了通过对自然无限度索取来换取增长的模式，尊重自然，不仅关注人与自然的和谐共生，而且关注人与社会的和谐发展。

（二）可持续发展理论产生的过程

为了寻求一种建立在环境承载能力之上的长久的发展模式，人们进行了孜孜不倦的探索。1972年6月，联合国在斯德哥尔摩召开了第一次世界环境会议，来自114个国家的代表参加会议，会议的主题是讨论环境保护问题。经过深入讨论，大会通过《人类环境宣言》，强调保护环境、保护资源，同时还强调要考虑到"将来的世世代代的利益"，首次阐述与可持续发展概念相近的思想。大会成立了以挪威首相布伦特兰夫人为首组成的"世界环境与发展委员会"，集中研究当前世界所面临的环境问题、应该采取的措施及战略。1980年3月5日，联合国向全世界发出呼吁："必须确保全球持续发展。"同年，国际自然保护同盟和世界野生生物基金会"共同审定通过了《世界自然保护大纲》，其副标题是'为了可持续发展的生物资源保护'"，这是"可持续发展"概念首次出现在国际文件中。1987年，世界环境与发展委员会应联合国大会的要求，提出了一份长达20万字的长篇报告——《我们共同的未来》，正式提出了可持续发展的模式。"该报告分为'共同的问题''共同的挑战''共同的努力'三大部分"，全面、系统地评价了"人类在当前经济发展和环境保护方面存在的问题。该报告一针见血地指出，过去我们担忧的是发展对环境带来的负面影响，而如今我们则深切地感到生态破坏的恶果，如大气、水、土壤、森林的退化对发展带来的不利影响"，过去我们深深体会到在经济方面，国家之间相互依赖的重要性，而如今在生态方面我们同样感受到国家之间相互依赖的重要性，生态与经济的关系从来没有像现在这样，十分紧密地联系在一个互为因果的网络之中。1992 年 6 月，在巴西里约热内卢召开了联合国环境与发展大会，通过了《里约热内卢环境与发展宣言》和《21 世纪议程》，世界各国广泛接受了可持续发展思想，可持续发展思想成为指导各国经济社会发展的总战略。巴西里约热内卢会议第一次把可持续发展由理念推向了行动。为此，1992 年 12 月，联合国特别设立了可持续发展委员会，目的就在于对各国执行和落实里约热内卢会议达成的各项协议，尤其对《21 世纪议程》的实施情况进行监督，并作出报告。

人类在发展道路和发展模式的选择上几经曲折：在人类社会前期，发展是一种较为盲目的、缺乏规划的发展；自工业革命以来形成的发展观把经济的发展、物质财富的增长作为唯一目标，仅注重对当代人物质需求的满足，而且错误地认为环境资源是"取之不尽、用之不竭"的，无视环境的承载能力，无视人类所处的地球生态系统的平衡，贪婪地掠夺、开发利用环境资源，无节制地向环境中排放污染物。这种发展模式短期内的确促进了人类社会的发展与进步，但也导致了日益严重的环境污染和生态破坏，最终危及了人类的生存和发展，因而是不可持续的。

可持续发展正是人类在日益严重的全球环境危机面前，通过反思传统发展模式，重新审视人与自然关系基础上建构起来的。它是一种基于生态学、伦理学理念的发展观——人作为大自然的一员，作为整个地球生态系统的一环，必须将其发展与环境保护、资源节约结合起来。人的发展和自然的发展相互影响、相互制约、密不可分。

二、可持续发展的内涵

（一）发展的含义

增长主要是指经济增长。罗马俱乐部对不顾环境承载能力，单纯追求经济增长的做法进行了十分强烈的批判，提出了"零增长"的主张，在世界范围内引起了广泛的反响，继而产生了悲观派和乐观派两派。悲观派认为，如果人口和资本的快速增长继续下去的话，世界将面临一场"灾难性的崩溃"。而乐观派则认为，随着科学技术的进步和对资源利用效率的提高，粮食、能源短缺的现象，环境污染等问题，将得到有效解决。况且人的潜力是无限的。因此，世界的发展趋势是在不断改善而不是在逐渐变坏。虽然乐观派的主张对于人类社会的发展具有一定的意义，但是屡屡发生的环境悲剧在不断地提醒人们：资源是有限的，环境负荷也是有限的。单纯追求经济增长的做法是不可取的。增长应被发展所取代。

发展是一个哲学概念，意味着进化与上升，即事物由小到大、由简单到复杂、由低级向高级的变化。发展既指世界上客观事物和现象的进化过程，也指作为主体的人的发展过程，包括物的发展和人的发展两个方面。发展是一个内涵相当宽泛的词，发展有多种指标，也有多种路径。发展既可以是 GDP 的增长，也可能是快速的工业化进程和技术进步；发展可以是贫困人口的减少或人民健康水平的提高，也可以是教育程度的提高和文盲率的下降。然而，GDP 增长了，却有可能以自然环境的破坏和资源的枯竭为代价；工业化程度加深了，却不是每个地方的每个人都能获得收入的增加，可能是穷人更穷，富人更富，社会差距的进一步扩大，社会不公的进一步深化。一个繁荣的奴隶社会不能被称为一个和谐的社会，一个高度集权的专制社会，即使是盛世，也同样不能称之为一个和谐社会。清朝的康乾盛世，国民生产总值居世界首位，却是文字狱与思想钳制的最黑暗时期。物质水平的提高并不一定带来幸福感、安全感的增加。

就发展的目标而论，有的将经济增长作为发展的首要特征。"如果从某一特定社会的发展状况看，将发展的中心确定为经济发展，并无不可，而且很可能更加适宜于保障该社会人权的实现，因为没有生产方式的进化，就没有其他方面的发展。有的则认为发展的目标首先不是经济发展，而是指社会发展，只有社会普遍利益获得增进，才能显现发展的活力，使发展成为促进人权的有力保障。事实上，发展包括物质和非物质两种要素。"尽管发展的具体阶段和具体环节呈现多样性特征，但"发展的实质正在于人类在经济、政治、社会和文化诸方面得以全面发展"。

发展是一个全面发展的过程，它不仅指经济发展，还涵盖了社会、文化、政治等领域的发展，其目的在于持续增进社会福利。此定义与发展的传统定义即根据 GDP 增长、工业化、出口扩张或资本流入等定义的发展大不相同。发展过程必须是公民真正参与的过程，是本着公平和公正利益分配原则稳步提高所有人福利的过程。

由传统经济发展战略向经济社会综合发展战略和可持续发展战略的转变，是发展中国家在经济发展理论和实践方面的觉醒。第一，新的发展战略区分了经济增长与经济发展的不同。经济增长是一个偏重数量的概念，而经济发展则是一个既包括数量又包括质量的综合概念。新的发展战略不仅强调产出的增长和生产的速度，而且更强调随着产出的增长和生产的加速而出现的经济、社会、政治等结构的变化和体系的变革，经济发展的过程被理解为以实现经济和社会目标为特点的一个完整的过程，经济发展不仅是国民生产总值增长的问题，而且是一个社会进步的问题，是经济增长与社会进步相统一的过程。第二，新战略强调以"人"的发展为中心，以满足人的基本需要和消灭贫困为目标。它突破了单纯以经济增长为尺度的传统评价标准，把经济发展战略目标由单一性目标转向多层次综合性目标；它突破了把经济发展单纯看作经济问题的传统思想，而把经济发展的过程看作社会、经济、文化、政治等多方面综合发展的过程，是以人为中心的经济增长与社会进步的统一过程。第三，新战略体现了可持续发展的重要性。就是既为当代人着想，也为后代人考虑。

（二）可持续发展的含义

可持续性是指一种可以长久维持的过程或状态。人类社会的持续性由生态可持续性、经济可持续性和社会可持续性三个相互联系不可分割的部分组成。人类处于普遍受关注的可持续发展问题的中心。可持续发展是指"既满足当代人的需求，又不损害后代人满足其需求的发展"。发展与环境保护相互联系，构成一个有机整体。《里约环境与发展宣言》指出"为了可持续发展，环境保护应是发展进程的一个整体部分，不能脱离这一进程来考虑"。可持续发展非常重视环境保护，把环境保护作为它积极追求实现的最基本目的之一，环境保护是区分可持续发展与传统发展的分水岭和试金石。

第一，发展是人类的权利。可持续发展突出强调的是发展，发展是人类共同的和普遍的权利。发达国家也好，发展中国家也好，都应享有平等的、不容剥夺的发展权。对于发展中国家，发展更为重要。事实说明，发展中国家正经受来自贫穷和生态恶化的双重压力。因此，可持续发展对于发展中国家来说，发展是第一位的，只有发展才能解决贫富悬殊、人口激增和生态危机，最终走向现代化。

第二，环境保护与可持续发展紧密相联。可持续发展把环境建设作为实现发展的重要内容，因为环境建设不仅可以为发展创造出许多直接或间接的经济效益，而且可以为发展保驾护航，为发展提供适宜的环境与资源；可持续发展把环境保护作为衡量发展质量、发展水平和发展程度的客观标准之一，因为现代的发展与现实越来越依靠环境与资源的支撑，人们在没有充分认识可持续发展之前，随着传统发展，环境与资源正在急剧衰退，能为发展提供的支撑越来越有限了，越是高速发展，环境与资源越显得重要；环境保护可以保证可持续发展最终目的实现，因为现代的发展早已不仅仅满足于物质和精神消费，而是把建设舒适、安全、清洁、优美的环境作为重要目标不懈努力。

第三，放弃传统的生产方式和消费方式。可持续发展要求人们放弃传统的生产方式和消费方式，就是要及时坚决地改变传统发展的模式——首先减少进而消除不能使发展持续的生产方式和消费方式。它一方面要求人们在生产时要尽可能地少投入，多产出；另一方面又要求人们在消费时尽可能地多利用、少排放。因此，我们必须纠正过去那种单纯靠增强投入，加大消耗实现发展和以牺牲环境来增加产出的错误做法，从而使发展更少地依赖有限的资源，更多地与环境容量有机协调。

第四，提高环境保护技术水平。可持续发展要求加快环境保护技术的创新和普及。解决环境危机、改变传统的生产方式以及消费方式，其根本出路在于发展科学技术。只有大量地使用先进科技才能使单位生产量的能耗、物耗大幅度下降，才能实现少投入、多产出的发展模式，减少对资源、能源的依赖性，减轻对环境的污染。

可持续发展是以保护自然资源环境为基础，以激励经济发展为条件，以改善和提高人类生活质量为目标的发展理论和战略。它是一种新的发展观、道德观和文明观。其一，发展的可持续性。发展与经济增长有根本区别，发展是集社会、科技、文化、环境等多种因素于一体，人类的经济和社会的发展不能超越资源和环境的承载能力。其二，人与人之间的公平性。当代人在发展与消费时应努力做到使后代人有同样的发展机会，同一代人中一部分人的发展不应当损害另一部分人的利益。其三，人与自然的和谐共生。人类必须学会尊重自然、保护自然，与自然和谐相处。我党提出的科学发展观把社会的全面协调发展和可持续发展结合起来，以经济社会全面协调可持续发展为基本要求，指出要促进人与自然的和谐，实现经济发展和人口、资源相协调，坚持走生产发展、生活富裕、生态良好的文明发展道路，保证一代接一代持续发展。从忽略环境保护受到自然界惩罚，到最终选择可持续发展，是人类文明进化的一次历史性重大转折。

三、可持续发展的特征

（一）持续性

持续性最基本的要求是自然资源总量保持不变或者比现有的水平更高。持续性由三个方面组成。第一，可再生资源的使用速度不超过其再生速度。第二，不可再生资源的使用速度不超过其可再生替代物的开发速度。第三，污染物的排放速度不超过环境的自净容量。由于许多污染物的环境自净容量几乎为零（如铅、电离辐射等），因此，必须运用科学或者技术的手段，确定污染物达到何种程度时，其危害是人们可以容忍的。一般来说，持续性是一种自然的状态或过程，但不可持续性却是人类行为的结果。人类的发展离不开自然资源，人类应通过合理利用自然资源来提高生活质量。因此，持续性并不否定人类的合理需求，只是要求寻求一定的限度，以保证资源的持续利用，保证人与自然的和谐、平衡。

经济建设和社会发展均不能超过自然资源与生态环境的承载能力，无论是经济的发展还是社会的发展都只有建立在生态环境负荷能力范围内，才有可能持续。可持续发展必须是人与自然的和谐发展。发达国家的工业化是以牺牲地球环境为代价而实现的，在这一过程中其生产方式和生活方式是以大量消耗自然资源及污染环境而实现的，人们称之为"发展的失败"。令人担忧的是，有不少发展中国家和地区正在沿袭发达国家过去的工业化发展道路。

可持续发展要求人们依据发展的持续性特征调整自己的生产方式和生活方式，在生态环境的承载范围内调整好消耗标准，进行清洁生产，发展循环经济，不要过度消费。在这个方面，发达国家如此，发展中国家也如此。同时，各国必须推行适当的人口政策以降低人口增长速度，减轻地球的人口负担。在这方面，亚洲、非洲、拉丁美洲的发展中国家的任务更为艰巨。

（二）公平性

可持续发展只能建立在人与人平等和社会公平的基础上。在现代汉语中，公平的含义是指"处理事情合情合理，不偏袒哪一方面"。英语中的公平（fair,fairness）含义是指"公正而正直，不偏私、无偏见"。从对公平一词的释义中，我们应当明确的是，公平首先是人对人类自身活动的价值评判。这就潜在性地告诉我们，人类在对待人与自然的关系上，尽管不应该以人的利益为中心，但仍然是以人的价值判断为中心的。可持续发展所追求的公平性主要是指代内公平和代际公平两个方面。

一般认为，代内公平是指处于同一代的人们和其他生命形式对享受清洁和健康的环境有同样的权利。人类同住一个地球村，共同承担着保护整个地球环境的责任，这就使得我们对代内公平的思考与定义必须突破个人、区域的视野局限而放大到对整个地球生态系统的人文关怀上。因此，我们可以也应当将每一代人的代内公平分为国家之间的代内公平与一国之内的代内公平。就国家之间的代内环境公平而言，任何国家和地区的发展都不能以损害其他国家和地区的发展为代价。同时需要强调的是，发达国家不应该具有超越发展中国家的环境权利，同时，还应该给予发展中国家在克服环境问题方面以援助。一国之内的代内环境公平指每个当代人都应当具有享受优良环境的权利，同时对因自身原因所造成的环境破坏都应当承担其相对应的责任。一国公民对环境权利意识的觉醒往往有赖于该国公民物质生活条件的富足。如果一国之内存在代内环境不公平的现象，则问题归根结底还是经济发展不平衡导致的一部分人对另一部分人环境权利的侵害。

代际公平指世代人之间的纵向公平性。当代人不能因自己的发展与需求而损害后代人的自然资源与环境。要给后代人以公平利用自然资源与环境的权利。不过，应该指出的是，如果说当代人及其前几代人的经济发展是建立在过度消耗资源及破坏环境的基础上从而对后代人的环境权益构成侵犯的话，那么，这种侵犯的责任主要应由发达国家来承担。对于发展中国家，面临的最紧迫任务是发展。

（三）协调性

可持续发展不仅涉及当代或一国的人口、资源、环境与发展的协调问题，还涉及同后代的人口、资源、环境与发展的协调。可持续发展同时也涉及经济、社会和文化的协调发展。可持续发展以良好的生态环境、自然资源的可持续利用为基础，以经济的可持续发展为前提，以促进社会的全面进步为目标。可持续发展是三者共同发展的综合体。可持续发展不是生态环境、经济、社会某一方面的发展，仅仅是某一方面的发展是片面的发展，真正的可持续发展是经济、社会、环境均得到有效的发展。因此，可持续发展要求统筹兼顾、综合决策，将经济发展、社会进步同生态环境保护有机结合起来。在实现生态环境保护时要充分考虑经济、社会的全面发展，在制定经济、社会发展规划时要切实考虑资源的总量、生态环境的承载能力。

（四）科技性

可持续发展的实现自始至终与科学技术密切相关。造成社会经济发展不可持续的原因与科学技术有关，要保证未来社会经济的可持续发展又依赖于科学技术。对可持续发展战略的认识，在很大程度上取决于对科学技术运用的理解。科学技术是一把双刃剑，它既可以毁灭人类，也可以造福人类。我们应该清醒地认识到，科学技术给人类带来灾难，罪过不在科学技术，而在于运用科学技术的人。毋庸置疑，现代化建设的实现需要科学技术，可持续发展的实现同样需要科学技术。那么，促进可持续发展实现的科学技术具有什么样的特征呢？国内外很多学者指出，最适合可持续发展实现的科学技术是绿色科技。绿色科技，就是指符合生态环境保护要求的科学技术。绿色科技分为两大类：一是保护绿色的科学技术，如污水处理技术、预防病虫害技术、防沙技术、固体废物无害化技术等；二是推进绿色发展的技术，如新能源开发技术、资源综合利用技术、高效节能技术等。目前，发展绿色科技已成为当今世界的一股强大潮流。绿色科技的特殊价值在于它适应可持续发展的目标要求，有利于解决资源、环境等与人类命运休戚相关的问题。如果说，"人们过去强调的是经济建设要依靠科学技术，科学技术要面向经济建设；今后则强调可持续发展要依靠科学技术，科学技术要面向可持续发展"。

第二节　环境权理论

一、环境权的产生

（一）环境权产生的现实基础

"环境权的产生与环境问题尤其工业革命以来日趋严重的环境危机密切相关。"虽然环境问题自人类诞生之日起即已存在，但是随着人类社会的发展，环境问题有日趋严重的趋势。

在两类环境问题中，第二类环境问题是最重要、起主导作用的环境问题。人类的不当活动不仅引起了第二类环境问题，而且还可能诱发第一类环境问题，这早已为我们人类的历史事实所证明。如，1998 年的长江洪灾，2004 年的印度尼西亚海啸等自然灾难在很大程度上都是人类的不当环境行为所导致的。因此，完全可以说，环境问题主要是由于人类不当活动所引起或诱发的。环境问题自人类诞生之后就已经存在，但在漫长的人类历史演进过程中，却并没有产生相应的环境权概念。这主要是因为在人类社会的前期，生产力还不发达，人口数量不大，人类社会相对于整个自然环境来说规模尚小，人类活动整体上对自然环境的影响还不是很大，即人类社会和人类活动尚未超出环境的承载能力，环境的自我修复功能和自净功能仍可以发挥应有的作用。所以，总体上看，环境资源既不稀缺也没有受到人类的威胁，环境权这种权利既难以受到侵犯和剥夺，也无须通过法律加以确认和保障。

然而，这种状况在 18 世纪工业革命之后逐渐发生了变化。工业革命不但大大提高了人类的生产力水平，而且对人类社会的各个方面都产生了深远的影响。与此相应的是，环境问题也日趋严重，并呈现出新的特点：首先，机器的使用虽然大大提高了社会生产力，加快了工业化和城市化进程，增强了人类对环境资源的改变和控制能力，但是对自然资源和能源的消耗和浪费也大大增加。其次，社会物质财富的不断创造，也大大提高了人类的生活水平，世界人口呈现高速增长趋势，人口的剧增一方面需要更多的资源供应；另一方面又向环境中排放更多的污染物。此种恶性循环使环境承受的压力与日俱增。最后，科学技术是柄"双刃剑"，一方面，科学技术的广泛运用给人类带来了巨大的福祉；另一方面，其不当运用又会造成严重的环境污染和生态破坏，给人类带来灾难。特别是进入 20 世纪以后，环境问题日益严重，环境资源不再被视为"不尽之物"。而环境权的提出、确认和保障，正是要妥善处理人与自然的关系，尊重自然，保护环境，实现人类的可持续发展。

（二）环境权产生的理论基础

在环境权概念被正式提出前，有关环境权的理论多种多样，这为环境权的确立奠定了坚实的理论基础。

1. 公共信托理论

公共信托理论是美国密执安大学的萨克斯（Sachs）教授提出来的。20 世纪 70 年代，萨克斯教授针对当时美国政府行为中存在的环境管理行政决定过程公众参与程度低，环境诉讼中存在的当事人资格等问题，根据公共信托原理，从民主主义立场首次提出了"环境权"理论。萨克斯教授认为，用"在不侵害他人财产的前提下使用自己的财产"这句古老的法格言作为环境品质之公共权利的理念基础极其具有意义。他指出，全面看待散在的证据资料，可以看出公共信托理论有如下三个相关的原则："第一，像大气、水这样的一定的利益对市民全体是极其重要的，因此将其作为私的所有权对象是不贤明的。第二，由于人类蒙受自然的恩惠是极大的，因此与各个企业相比，大气及水与个人的经济地位无关，所有市民应当可以自由地利用。最后，增进一般公共利益是政府的主要目的，就连公共物也不能为了私的利益将其从可以广泛、一般使用的状态而予以限制或改变分配形式。看待信托问题的指标，不是单单看事实上将公共财产按不同用途作出再分配，或包含各种补助金的要素等，而是看其中是否缺乏由此而达成待查各种公共利益的重要证据。对于法院，事实上要有公共利益受到威胁的证据才能起作用。"

同时，萨克斯教授认为："像清洁的大气和水这样的共有财产资源已经成为企业的垃圾场，因为他们不考虑对这些毫无利润的人们普通的消费愿望，更谈不上对市民全体共有利益的考虑了，而这些利益与相当的私的利益每样具有受法律保护的资格，其所有者具有强制执行的权利。在前面所引述的古代格言'在不侵害他人财产的前提下使用自己的财产'不仅适用于现在以及将来所有者之间的纠纷，而且适用于诸如工厂所有者与对清洁大气的公共权利享有者之间的纠纷、不动产业者与水产资源和维持野生生物生存地域的公共权利享有者之间的纠纷、挖掘土地的采掘业者与维持自然舒适方面的公共利益享有者之间的纠纷。"这也是萨克斯教授提出"环境权"理论的主要根据。

2. 代际公平理论

人类社会是否存在代际公平问题，即人类是否对其后代的福利负有责任？自 20 世纪

60 年代以来，随着环境状况的日趋严峻，从可持续发展角度来探讨自然资源配置问题越来越获得广泛的认同。这实际上承认了人类后代有独立的利益，并且当代人有义务加以维护。国际自然资源保护同盟在 1980 年和 1982 年先后起草的《世界自然保护大纲》和《世界自然宪章》两个报告中，都表达了代际公平的思想。报告认为，代际的福利是当代人的社会责任，当代人应限制对不可更新资源的消费，并把这种消费水平维持在仅仅满足社会基本需要的层次上。同时，还要对可更新资源进行保护，确保持续的生产能力。

之后，时任美国国际法学会副会长的爱蒂丝·布朗·魏伊丝（EdithBrown Weiess）教授在 1984 年《生态法季刊》上发表了名为《行星托管：自然保护与代际公平》的一篇文章，将"代际的福利"提到环境公平的高度，从而完整地提出了代际公平理论。她认为，当代人与后代人的关系是各代之间的一种伙伴关系，在人类家庭成员关系中有一种时间的关联。如果当代人传给下一代人不太健全的行星，即违背了代际公平。为此，她提出了"行星托管"的理念，主张"人类与人类所有成员，上代人、这代人和下一代，共同掌管着被认为是地球的这个行星的自然资源。作为这一代成员，我们受托为下一代掌管地球，与此同时，我们又是受益人有权使用并受益于地球"。

根据代际公平理论，地上的人类应当意识到：后代人与当代人一样，对其赖以生存发展的环境资源有相同的选择机会和相同的获取利益的机会；并不要求当代人为后代人作出巨大牺牲，但更不允许当代人耗费后代人所应当享有的环境资源。当代人有权使用环境并从中受益，但更有责任为后代人保护环境。在人与自然的关系中，每一代人都有相同的地位和平等的机会，没有理由偏袒当代人而忽视后代人。每一代人都希望能继承至少与他们之前的任何一代人一样良好的地球，并能同上代人一样获得地球的资源。正因为无法准确地预测后代人的喜好与能力，所以，代际公平的价值理念更强调当代人应提供健康的环境以供后代人满足他们自己的喜好和能力。代际公平体现了当代为后代代为保管、保存地球资源的观念。

由此可见，尽管目前保障各代人平等的发展权利，走可持续发展之路尚更多地停留在理论的层面，但是代际公平的思想理念却在一步步的创新整合之中悄然改变着人类社会生产、生活方式及人的发展模式，其对人类生存的价值观念而言不啻一次深刻的思想革命，对于现代环境法律制度的完善和环境法治理念的进步，尤其具有价值指引和哲学方法论上的重大意义。

3. 自然的权利理论

自然的权利（rights of the nature）最初是由环境伦理学者提出的，当时只在环境伦理的范围内探讨和研究。随着环境保护运动和环境道德、生态伦理的深入发展，人们尊重自然、保护环境的意识不断增强，同时传统的"人类利益中心主义"观由于其弊端的不断显现而遭到广泛的抨击，一种新的与"人类利益中心主义"相对的"生态利益中心主义"得到了许多人的认同和提倡。在此背景下，自然的权利问题也被引入法学领域。当然，其作为一种全新的权利观念对传统法学理论的冲击是颠覆性的，因而也引起了法学学者的激烈论争。

英国伦理学家彼得·辛格（Peter Singer）所写的《动物解放》一书，被誉为动物保护运动的圣经和生命伦理学的经典之作。在书中，辛格指出："人的生命，或者只有人的生命是神圣不可侵犯的信念，是物种歧视的形态之一。所有的动物都是平等的。"既然人与动物是平等的，而且动物也具有感到痛苦、快意和幸福的能力，那么动物当然也与人类一样享有权利。山村恒年等人在"《自然的权利》一书中，比较全面地介绍了与自然的权利有关的各种主张与理论"。根据最大限度地尊重个人自由的法律原则，个人的行动在不妨害他人的限度里是自由的。所以，人类对自然的支配和利用，以及在以法律处理环境问题时，在原则上均是自由的，制约只是例外。司法机关在判断人类活动的违法性时，进行利益衡量，其衡量的原则是个体（自然人、法人）的所有权的保护。这种否认自然的法律价值的观念对环境保护是极其不利的。"只有承认自然的法的价值，才能在法律上确立自然的权利。而确认自然的法的价值，就必须如同现代法将人类的尊严作为基本的价值予以尊重一样，承认人类的生物学的、精神的生存基础——自然是人类的基本价值。"

二、环境权的含义

（一）环境权的提出

环境权是 20 世纪六七十年代世界性环境保护运动的产物。自环境权被提出之时起，就引起了世界各国，尤其欧、美、日等工业发达国家和地区政府和民众的极大关注和热情。随着世界性环境问题的日益严重，环境权作为一项新的权利类型，无论是在国内法还是在国际法领域都得到了显著的发展。

1960 年，一位联邦德国医生向欧洲人权委员会提出控告，认为向北海倾倒放射性废物这种行为违反了《欧洲人权条约》中关于保障清洁、卫生环境的规定。这是首次提出环境权的主张，由此也引发了在欧洲人权清单中是否应增加环境权的大讨论。在美国，自莱切尔·卡逊于 1962 年发表《寂静春天》一书对美国民权条例没有提到一个公民有权保证免受私人或公共机关散播致死毒药（指农药污染）的危险的感叹后，20 世纪 60 年代末在美国引发了一场关于环境权的大辩论，当时许多美国人要求享有在良好环境中生活的权利。反对方认为，环境是任何人都可使用和先占的无主物，因而向大气、河流排放污染物的行为并不是违法行为。另外，设置环境权限制了"企业自由"，违反了资本主义社会的基本原则。密执安大学的萨克斯以共有财产（common property）和公共信托（public trust doctrine）理论为基础，提出了环境权的主张。在日本，日本律师联合会把享受自然作为一项公共财产提了出来，仁藤一、池尾隆良两位律师提出了环境权的主张，并阐述以下观点：任何人都可以依照宪法第 25 条（生存权）规定的基本权利享受良好的环境和排除环境污染；良好环境是该地区居民的共有财产，企业根本无权单方面污染环境。

1970 年 3 月，在日本东京召开了公害问题国际座谈会，会后发表的《东京宣言》指出："我们请求，把每个人享有其健康和福利等要素不受侵害的环境的权利和当代人传给后代人的遗产应是一种富有自然美的自然资源的权利，作为一种基本人权，在法律体系中确定下来。"此次会议明确地提出了环境权的要求，并使其作为一项基本人权和法律权利的观念得到了广泛的传播。同年 9 月，在日本律师联合会召开的第 13 届拥护人权大会上，环境权也得到了确认和倡导。

1972 年 6 月，斯德哥尔摩人类环境大会通过的《人类环境宣言》明确指出"人类有权在一种能够过尊严的和福利的生活的环境中，享有自由、平等和充足的生活条件的基本权利，并且负有保证和改善这一代和将来世世代代的环境的庄严责任"。这也是目前公认的对环境权较权威的定义。

1986 年，世界环境和发展委员会（WCED）法律专家小组作出了一个《关于自然资源和环境冲突的一般原则的报告》，该报告申明：任何人有权享有作为健康和福利之充分保障的环境权。这就明确认可了环境权。在 1989 年联合国环境会议起草的《海牙宣言》中，进一步发展世界环境和发展委员会在 1986 年所作的报告，该宣言指出，采取积极措施以挽救自然环境的危机，不仅仅是保护生态系统的基本义务，而且也是人类维护尊严和可持续的全球环境的权利。

（二）环境权的界定

伴随着环境问题的出现，公民环境权利意识不断加强，进而产生了环境权。然而，自 20 世纪 60 年代世界范围内出现环境权这一概念以来，法学界对环境权构成要素的认识充满分歧，以致人们认为环境权概念模糊，进而造成立法上的迟缓和司法实践中的被排斥。造成这些分歧的重要原因在于混淆了伦理道德与法律的区别。法律是最低的道德底线。在现实生活中，并不是所有的道德要求都会转化为法律。从权利的形态看，权利有应有权利、法律权利、现实权利之分，后者的范畴总是比前者要小，在适当的条件下，尽可能地使前者转化为后者。通过分析环境权的构成要素，是正确把握环境权含义的关键所在。

1. 环境权的主体

目前，学界对环境权主体存在着各种不同的观点。以蔡守秋为代表的学者认为，环境权主体包括个人、单位、国家、人类及非人自然体；以吕忠梅为代表的学者认为环境的主体只能是公民或自然人；以陈泉生为代表的学者认为主体有公民、法人及其他组织、国家乃至全人类，还包括尚未出生的后代人。

环境权主体是指环境权的享有者。作为环境权主体，必须具有外在的独立性，不但能以自己的名义享有权利，而且具有一定的意志自由。反之，如果依附于其他主体而没有外在的独立性，则不能成为环境权的主体。

环境权的基本主体是自然人（也可称为公民）。自然人并非仅指单个的个人，它还包括人的集合体法人，尽管单个人与人的集合体在数量、作用、影响等各个方面都存在着区别，但是在一个健康的环境中生存与发展的要求上却是一致的。环境权是人有在健康的环境中生活的权利，主要包括清洁空气权、清洁水权、日照权、通风权、宁静权、眺望权、风景权等。这种权利的主体只能是人——自然人和法人。

法人（机构和组织）作为拟制"人"可以成为环境权的主体。在法人与环境的关系上，一方面许多企业会造成大量污染，侵犯自然人和其他组织的环境权；另一方面，污染严重的环境也将影响到企业的生存与发展。况且，法人除了企业外，还有事业组织和社会团体。因此，不能因为企业是最大可能的环境权侵害者而否认法人享有环境权。

国家享有环境管理权，拥有对环境保护、开发利用等一系列权力。该权力体现在国家通过立法的方式对各种从事与环境有关的行为予以明确；对环境质量进行监测、对各种与环境资源有关的行为进行监督；对需要由司法程序处理的环境纠纷和环境犯罪问题，由国家审判机关依法进行审理。国家的这种环境权是权力而不是权利，它同时是一种职责、一种义务，与权利的涵义截然不同。但是，在国际环境法中，国家是享有环境权利和承担相应义务的，因而是环境权的主体。

自然体、动物不能作为环境权的主体。不少学者认为自然体、动物也应享有环境权，成为环境权的主体。理由是承认自然体享有环境权是法律史传统的逻辑发展使然，即权利主体经历了一个不断扩展的过程，由贵族扩展到平民再到奴隶，由男性扩展到女性，由白种人扩展到非白种人，从自然人扩展到法人和非法人组织，那么，权利主体也可由人类扩展到动物、非人类生命体乃至自然物。在法律技术上可以通过赋予自然体诉讼主体资格，设立自然体监护人或代理人制度来实现。但这种理论的可行性与合理性均存在疑问。虽然从环境伦理学的角度承认动植物等自然体的价值，给予动物福利，给予动植物等自然体以保护，这是必要的。给动植物的这种"关怀"，归根结底是为了保护我们赖以生存的环境，以维系人类的生存。

后代人也不能作为环境权的主体。环境权既是一项个人权利也是一项集体权利。但个人仅指当代人，不包括后代人。后代人作为环境权的主体主要是基于代际公平理论。《我们的共同未来》中认为，代际公平是在世代延续过程中，既要满足当代人的需要，又不要对后代人满足其需要的能力构成威胁。这实际上是强调要保护后代人在资源环境方面的需要，它更多的是一种道德宣示或要求，不宜作为确认后代人环境权的依据。后代人不能作为环境权的主体。第一，后代人成为权利主体的前提不存在。后代人要成为环境权的主体，首先就要确定后代人的范围，可是其范围无论如何也确定不了。如果把地球上现存的人视为当代人，而把尚未出生的人视为后代人，但由于人类的繁衍在时间上是连续的而非间歇的，所以当代人与后代人是无法截然分开的。正因为找不到当代人与后代人的时间界限，那么，后代人的范围无论如何也无法划定。既然后代人无法确定，那么，后代人成为权利主体的前提不存在。第二，后代人的权利无法得到保障。就算能确定一定时间范围的人为后代人，接下来的问题是后代人的权利如何保障。一种权利如果在遭受侵害时得不到切实的保障，那么，这种权利的存在就没有任何实际意义。第三，后代人环境利益的维护可以通过保护当代人的环境权而实现。事实上，如果能够有效地保护当代人的环境权，也就有效地保护了环境，自然也就等于保护了后代人的环境利益。理论上的不可能和实际上的不必要充分说明了后代人不能作为环境权的主体。

2. 环境权的客体

环境权客体是指环境权所指向的对象。而不是"指环境权主体的权利义务所指向的对象"，不能等同为环境法律关系的客体。由于对环境权的主体认识不同，而主体范围的不同将导致客体范围的不同，如在主张动物是环境权主体之一的情形下，人就成为环境权客体之一。本书认为环境权的客体是环境。

环境是相对于某种中心事物而言的，如生物的环境、人的环境分别是以生物或人作为中心事物。环境是个多义词，环境科学、生态学、伦理学、法学等不同的学科有不同的界定。环境科学所研究的环境，是以人类为主体的外部世界，即人类生存、繁衍所必需的、相适应的环境或物质条件的综合体，一般被区分为自然环境和人工环境两种类型。按照环境要素的差异，环境被区分为自然环境、工程环境和社会环境。自然环境是指对人类的生存和发展发生直接或间接影响的各种天然形成的物质和能量的总体，如大气、水、土壤、日光辐射、生物等，按其组成部分细分为大气环境、水域环境、土壤环境、地质环境、生物环境等。工程环境按其功能划分为城市环境、村落环境、生产环境、交通环境、商业环境、文化环境、卫生环境、旅游环境。社会环境可按其组成要素分为政治环境、经济环境和文化环境等。从空间范围按从小到大来划分，人类的生存环境包括聚落环境、区域环境、全球环境、星际环境等不同的层次结构，每一级均由自然环境、工程环境和社会环境组成。

我国《环境保护法》对"环境"作了明确、具体的规定。"本法所称环境，是指影响人类生存和发展的各种天然的和经过人工改造的自然因素的总体，包括大气、水、海洋、土地、矿藏、森林、草原、湿地、野生生物、自然遗迹、人文遗迹、自然保护区、风景名胜区、城市和乡村等。"这就是作为环境权客体的环境的含义，即环境权客体的环境是环境科学和环境法特别定义的环境，而不是其他意义上的环境。《环境保护法》采用的环境概念，包括环境科学对环境分类中的自然环境和工程环境。不同的是，环境科学对环境的研究，只受科学技术条件的限制；而在环境法中，哪些环境要素在多大范围受到保护以及主体对环境享有哪些权利，还受到人的认识、法学理论研究水平和社会物质生活条件的制约。

3. 环境权的内容

环境权是一项年轻的权利，它是环境时代的产物。"权利决不会超出社会的经济结构以及由经济结构所制约的社会文化发展。"随着人们征服和改造自然能力的增强，社会财富在得到极大增长的同时，我们赖以生存的环境却在一天一天地遭受破坏，衰退、恶化，以至我们喝不到干净的水、呼吸不到洁净的空气、看不到清澈的天空、听不到鸟儿的鸣声，各种各样奇怪的病接连发生。于是，人们呼唤保护人类赖以生存的环境，人人都有在健康安全的环境中生活的需要。

对环境权的界定，目前没有一个统一的定义。1966年签署的《经济、社会和文化权利国际盟约》第11条宣布"本盟约缔约各国承认人人有权为他自己和家庭获得相当的生活水准，包括足够的食物、衣着和住房，并能不断改进生活条件。各缔约国将采取适当的步骤保证实现这一权利，并承认为此而实行基于自愿同意的国际合作的重要性"。1972年《人类环境宣言》对环境权的定义是"人类有权在一种具有尊严和健康的环境中，享受自由、平等和充足的生活条件的基本权利，并且负有保护和改善这一代和将来世世代代的环境的庄严责任"。这是国际社会对环境权的规定。

环境权作为一种权利，其特殊性不在于这种权利是权利与义务的统一，而在于其内容的特定性。在法理上，权利与义务是根本不同的两个范畴，它们的设立目的、功能机制、价值取向不同。本质上看，权利是指法律保护的某种利益；从行为方式的角度看，它表现为权利人可以怎样行为。义务是指人们必须履行的某种责任，它表现为必须怎样行为和不得怎样行为两种方式。在法律调整的状态下，权利是受法律保障的利益，其行为方式表现为意志和行为的自由。义务则是对法律所要求的意志和行为的限制，保障权利主体获取一定的利益。因此，权利不能同时是义务。根据权利对人们的效力范围，可将权利分为一般权利与特殊权利。一般权利也称"对世权利"，其特点是权利主体无特定的义务人与之相对，而以一般人（社会上的每个人）作为可能的义务人。它的内容是排除他人的侵害，通常要求一般人不得做出一定的行为。环境权即属于此类。

要可持续地开发利用环境资源，就必须对那种只重视环境资源经济属性而忽视其生态价值的法律制度进行改造，包括对刑法、行政法、民法尤其物权法进行"绿化"，重视环境资源的生态属性，促进和加强环境资源开发利用的可持续性。

环境保护权（环境保护权应该包括以下内容：获取与环境有关的信息；参与环境有关的决策；监督、检举、控告、建议、请求救济；参加保护、改善生态环境的活动）不是环境权。获取与环境有关的信息；参与环境有关的决策；监督、检举、控告、建议等都是环境民主的表现。请求救济是为了维护健康环境权而派生出来的，具有从属性和依附性。保护、改善生态环境的活动在很大程度上属于履行保护环境的义务。

三、环境权的本质

（一）环境权是一项权利

"权利"一词纯粹是西方的舶来品，中国古代典籍中虽有"权利"之语，但并不是我们现代法学理论、制度和观念中的"权利"。在西方，权利的渊源可追溯至罗马法。英国学者梅因曾言："概括的权利这个用语不是古典的，但法律学有这个观念，应该完全归功于罗马法。"在罗马法中，拉丁文的"Jus"就被现代人译为"法""权利"，这很大程度上是因为古罗马时期商品经济的繁荣导致的私法（市民法）发达的结果。到了中世纪末期，资本主义商品经济的发展使各种利益独立化、个量化，权利观念逐渐成为普遍的社会意识。17—18世纪，资产阶级启蒙思想家在反封建的斗争中提出了"自然权利"（natural rights）、"天赋人权"（rights inborn）等权利观念，随着资产阶级革命的胜利和资本主义民主制度的建立，权利作为造物主赋予人的资格的观念得到广泛的认同和传播。到了19世纪，由于资本主义生产方式的推动，商品经济的不断发展，法定权利和义务成为社会生产、交换和社会秩序的机制，法定权利成为人们权利观念的核心。近代以来，随着权利理念的确立以及权利观念的日益普及，甚至使世界范围内出现了"权利流行色"和"权利拜物教"，在20世纪的最后50年，在社会生活、政治斗争、国际关系、法律论辩中，"权利之声压倒一切"，人们把自己的经济主张、政治要求、精神需要纷纷提升到权利的高度，迫使国会、政府、法院承认其正当性和合法性。

　　从以上我们对权利发展进程的回顾中，就可以发现，权利的形成和发展是与人的自身利益密切相关的。人的利益从本质上说就是人的某种需要，需要的满足也就是利益的实现。而权利本质上就是对人某种利益的正当性与必要性的确认，同时通过强制性的或非强制性的机制去保障这种利益的实现。人类要生存和发展必然要有多种需要，而在人类社会中，有些需要的满足是没有保证的，所以才出现了确认某种利益和以国家强制力保障这种利益实现的法定权利。一方面，人作为高级生物，其需要是多方面、多层次的；另一方面，随着人类社会的不断发展，人的需要也随之不断发生变化，因而权利观念和权利类型也是一个不断演进的历史过程。

　　人作为地球生态系统的一员，其生存和发展离不开周围自然环境的支撑。在适宜、健康的环境中生活是人最基本的生存需要。这种需要的满足是必不可少的。然而自人类诞生起很长一段时间内，自然环境是良好的，资源是充足的，大自然"充分"且"无微不至"地满足了人类的各种需要，而且由于环境的公共性、非独占性、使用非排他性，人类这种需要无须保障即可自动满足。所以，人在适宜、健康的环境中生活这种需要并没有通过法定权利予以保障，而仅仅是作为当然的、不证自明的应有权利而存在，但其权利性质是确定无疑的。

　　许多学者否定环境权权利性质的一个重要理由是：环境权所保障的环境权益本质上是一项公共利益，不能为个人所排他性独享，因而不能构成个人权利的基础。但应该看到，这种观点是以传统法学上的公私法二分，以及公共利益和个人利益二元论为前提的，而公共利益和个人利益二元论又是建立在近代政治国家与市民社会二元对立基础上的。随着近代国家向现代国家的转型，政治国家与市民社会的界限也逐渐淡化，二者的相互支撑与融合日益加强，"公法私法化""私法公法化"的趋势日趋明显。可以说，在当代，公共利益和个人利益已经是相互交融、密不可分的了，公共利益虽然不是个人利益的简单相加，但其必须建立在实在的个人利益的基础上，必然要包含着个人利益的因子。

　　环境权益从传统上看是一种公共利益，但在当今严重的环境危机面前，它对每一个人来说都是不可或缺、不可剥夺的重要利益，已经构成了个人利益的一部分，故可以说环境权益已经是公共利益与个人利益的融合，而不再仅仅是纯粹的公共利益。同时，在当代由于环境权益极其容易受到侵犯，如果仍然遵循传统的公法上的公共利益保护方法，公民仅能享受反射利益而不能主张权利，那么公民个人的环境权益损害将无法补救，对环境权益的保障也是不充分的，因而确认公民环境权是有依据并且也是十分必要的。当然，由于环境权益具有公共利益和个人利益的双重性质，所以环境权的行使是应受到较严格限制的，即主体在行使权利的同时，必须承担相应的义务，不得侵害其他主体的环境权。这也是环境权作为一项新型权利的独特性所在。

（二）环境权是一项基本人权

人权即人成其为人所应享有的权利，是人作为人为维持其生存和尊严，形成独立人格和发展完善自己的权利。人权来源于对人自身正当性与至上性的认识。它最初是作为道德权利或自然权利而存在的，具有超国家与超实定法的性质。

近代，资产阶级在反对封建特权的过程中，资产阶级启蒙思想家洛克、孟德斯鸠、卢梭等系统提出并大力宣扬"天赋人权""人民主权""社会契约"等理念，从而使人权观念普遍化，得到了人民广泛的支持和认同。资本主义民主制度建立后，鉴于某些人权类型的根本性和不可或缺性，各国纷纷通过宪法予以确认和保障。这些宪法化的人权就被称为"基本权利"或"基本人权"。随着人权保护的国际化，一些国际人权公约或洲的人权公约也规定了这种意义上的人权。

人权不是封闭的，它是一个开放的体系。随着人类社会的发展与变迁，人权内容和人权类型也在不断地发展和完善。基于对人权的上述理解，故环境权本质上是一项基本人权。具体来讲，包括两层含义：第一，在国内法上，环境权是一项具有宪法位阶的人权。第二，在国际法上，环境权是一项集体人权，可以称之为国家环境权（本书使用的"国家环境权"与一些学者使用的"国家环境权"不同，其仅在国际法上作为一项集体人权而使用，而不包括所谓的国内法上的"国家环境权"）或人类环境权。

（三）环境权是一项法律权利

权利理论通常认为，权利主要有三种存在形态，即应有权利（道德权利）、法定权利和现实权利。应有权利是指人作为人所应当享有的当然的权利。广义的"应有权利"包括一切正当的权利；狭义的"应有权利"特指当有而且能够有，但还没有法律化的权利。由于应有权利又往往表现为道德上的主张，所以也被称为"道德权利"。法定权利是通过法律明文规定和保障的权利。现实权利又称实在权利，是主体实际享有与行使的权利，它是通过主体自身的努力（权利行使）而实现的。

应有权利是一种道德性的宣言或主张，缺乏实现权利的有效保障机制。法定权利具有明确的内容和以国家权力为后盾的强制性保障机制，因而最容易转化为现实权利，对权利主体的利益保障也最有力。故人类权利演进的历史也可以说就是应有权利向法定权利演化的过程。而现实权利是前两者权利的运行目标，也是人们设置权利的初衷所在。

环境权在人类诞生后工业革命前的很长时期内是作为应有权利（道德权利）而存在的。在工业革命后，随着先进机器和科学技术的广泛运用，人们对自然资源的控制和改变能力日益增强，加之人口剧增，人类社会规模不断扩大，为了满足人类日益增长的贪欲和物质需求，人对自然进行疯狂的掠夺开发，从而引发了日益严重的环境污染、生态破坏和资源枯竭等环境问题，最终酿成了 20 世纪五六十年代全球性的环境危机。作为环境保护运动和全球环境危机的产物，作为法定权利的环境权概念和理论应运而生，联合国等国际组织通过条约、宣言等大张旗鼓倡导环境权，各国也纷纷在宪法或其他法律中直接或间接地确认了环境权。可以说，环境权在当代作为一项法律权利已经得到了广泛认可。

（四）环境权是一项具有公益和私益双重属性的权利

在承认环境权是一项法律权利的前提下，对环境权的具体法律属性，学界的认识仍有较大分歧，有人认为环境权是一项公益性的权利，也有人认为环境权是一项私权。然而，鉴于环境权益所具有的公共利益与个人利益相交融的特点，环境权既不是纯粹的公益权，也不是纯粹的私权，而是一项超越了传统公益权与私权的新型法律权利。

1. 环境权不是一项纯粹的公益权

环境权益无论是传统上还是在当代都是一项公共利益，公益性是环境权的一个重要特征，这是毋庸置疑的。但公益性只是环境权法律属性的一方面，而不是其法律属性的全部。因为公共利益和个人利益二元论是以政治国家和市民社会的二元对立为基础的。而在现代国家，一方面，国家已经不再扮演"消极的守夜人"角色，而逐渐承担起越来越多的经济和社会职能；另一方面，市民社会也通过各种方式和途径积极参与到国家的决策和治理过程中。二者已经更多地表现为相互支撑和彼此融合。因此公共利益和个人利益二元化已经失去了现实基础。可以说，在现代社会中，公共利益和个人利益已经变得密不可分。一方面，现代社会是高度整体化的社会，任何个人都不可能离开整体去追求个人利益；另一方面，任何公共利益都离不开个人利益的支撑，都必须含有个人利益的因子。尤其 20 世纪 60 年代以后，全球性的环境问题已直接危及每个人的生存和发展，环境利益不再仅仅是公共利益，它也已经是每个人迫切需要保障的个人利益了。总之，在现代社会，环境权益已不再仅仅是公共利益了，而是公共利益和个人利益的结合体。

2. 环境权不是一项纯粹的私权

近代以来，随着环境污染、生态破坏等环境问题的日益严重，环境侵权逐渐引起了人们的广泛关注和担忧。囿于传统私法思维的局限，同时也为了填补因社会发展而产生的法律漏洞，在理论上和司法实践中，学者和法官均倾向于将环境权侵害视为民事侵权的一种新类型，运用民法规范来进行调整和救济。因而，环境权是一项私权的主张逐渐成为主流观点。然而随着环境法作为一个新的法律部门的兴起以及环境权理论的提出，这种观点的局限性和弊端逐步为人们所认识，主张的学者已越来越少。

第三节　循环经济理论

一、循环经济及其发展的层次

（一）循环经济的提出

自人类诞生之日起，生态系统和自然资源便成为人类赖以生存和发展的基础，人类不断向自然索取以谋求自身的生存与发展。可以说，生态破坏自古有之。但是，在农业文明时期，由于受当时生产手段、科学技术等条件的制约，人类对生态系统的破坏只是小范围、小规模的。并且，生态系统在特定的时间和状态下，当物质和能量的输入和输出相对平衡时，结构和功能也相对稳定，其本身就具有一定抵御外界压力的能力，在受到干扰后可通过自身调节恢复其相对平衡，因此那些小规模的、零星的破坏处于生态系统自我调节的能力范围之内。但是，进入工业文明后，随着生产力的发展和科学技术的突飞猛进，人类认识、改造和驾驭自然的能力越来越高，"逐渐出现了以资源的高投入、高消耗为途径，以高速度、高享受为目的的发展模式。"在这种模式的影响下，人类毫无节制地开采自然资源，同时又肆意地排放废弃物。长此以往，环境问题随之而来，生态破坏空前严重。气候变暖、物种锐减、酸雨侵蚀、土地荒漠化、自然资源严重匮乏等问题逐渐影响人类的生活，制约人类的发展。在此背景下，人类开始反思与自然的关系，提出循环经济概念。《人类环境宣言》提出人类在利用自然资源的同时，也要承担相应的责任和义务。斯德哥尔摩第一次世界环境大会标志着人类对环境保护问题的觉醒，世界各国也由此走上了注重环境保护的艰难历程。

我国大约在 20 世纪 90 年代引入循环经济概念，目前正处于理论的发展时期，关于循环经济的定义还尚未统一。不同领域的学者从不同角度出发，对循环经济做出了不同的定义，据不完全统计，现已有 40 余种。刘庆山是我国较早提出循环经济一词的学者，他在《开发利用再生资源缓解自然资源短缺》一文中指出"从资源再生角度提出废弃物的资源化利用，认为循环经济的本质是自然资源的循环经济利用"。曲格平提出，"所谓循环经济，本质上是一种生态保护型经济，它要求运用生态学规律而不是机械论规律来指导人类社会的经济活动。循环经济倡导的是一种与环境和谐的经济发展模式。它要求把经济活动组成一个'资源—产品—再生资源'的反馈式流程,其特征是低开采、高利用、低排放"。

(二)循环经济发展的层次

循环经济的发展层次大致经历了三个阶段:20世纪80年代以企业层面的"小循环"为标志的微观企业试点阶段;20世纪90年代以区域层面的"中循环"为标志的生态工业园阶段;21世纪以社会层面的"大循环"为标志的循环型社会建设阶段。

企业层面的"小循环"是循环经济的第一个层面。要求单个企业在生产和流通的过程中,依据循环经济理念和生态效率原则,实施清洁生产。把对环境的伤害评估作为企业效益考核的一部分,通过重新设计生产体系和生产流程,提高技术水平、优化生产方式,从源头减少进入生产和消费领域的物质量,实现企业资源内部的高效率、最大化利用,获得效益与环境的双赢。企业通过最大限度地利用和节约物资,创造性地将循环经济"3R"原则发展成与化工生产相结合的"3R制造法",通过放弃使用一些对环境有害型的化学物质、减少某些化学物质的使用量以及发明回收本公司产品的新工艺,有效减少污染,降低成本。

区域层面的"中循环"是循环经济的第二个层面。生态工业园区的实施和建立是其典型模式。所谓生态工业园,是指一种新型工业组织形式,是将各个关联企业或上下游企业模拟自然生态系统中生产者—消费者—分解者链条式相互依存的结构,组成社区或区域。通过把上游企业的副产品或废弃物用作下游企业的营养物或原料,形成梯形循环共生网络;同时,还能实现企业间物质、能量、信息的集成、互补,从而使区域内各个企业降低生产成本、减少污染、提高效率,最终形成企业进步、经济发展、环境保护之间的良性循环。

社会层面的"大循环"是循环经济的最高层面。在这个层面,要求对整个社会消费过程中以及消费过程后的废弃物进行无害化处理和循环利用,最终能够使生态保护、经济发展、社会进步三者之间和谐统一、相互促进,建立完善的"循环型经济社会"体制。

二、循环经济的基本特征

(一)循环经济的本质特征

在传统经济时期,人们习惯了"资源—产品—废弃物"单向线性经济模式、习惯了高资源投入量、高污染排放、低生产产出率的"牧童式"不节约经济。通过不断把资源变为废弃物换取经济的数量型增长是传统经济的典型手段。但是这种模式不符合生态系统平衡规律，使资源环境和经济增长之间出现了严重的矛盾。与此不同的是，循环经济以可持续发展为核心理念，以节约资源、保护环境为目的，从根本上改变了这一线性模式，是一种新型的物质闭环流动型经济。并且相比较之前传统经济"两高一低"的特点，循环经济遵循低资源能源投入量、低污染排放量、高经济产出量的"两低一高"特点，形成"资源—产品—再生资源—再生产品"的物质流动方式，致力于"降低'通量'，使之与生态系统的'容量'相适应"，这是循环经济区别于传统经济的本质特征。

（二）循环经济的观念特征

循环经济作为全新的经济发展形式，不仅在经济发展中具有自身的特点，也带来了观念上的变革和特点。人类社会的初期，人类臣服于自然；传统经济时期，人类征服自然，主宰自然；循环经济时期，人类的观念发生了转变，认识到自然环境对于人类社会的发展和经济发展的制约性和重要性。于是由"征服"转向"和谐相处"，由"以人类为中心"转向"以生态为中心"。这种观念的转变具体表现在：人类不再像传统经济时期肆意开采资源、排放污染，仅仅将自然环境作为人类活动的"取料场"和"垃圾场"，而开始考虑自然环境的承载力，在自然承载力的范围内，生产层面上实行有节制的开采，资源最大化利用；消费层面上适度消费、层次消费，注重废弃物的重复利用。人类开始采用"整体一系统化"的思维，"即把人、自然、资源与技术作为一个大系统整体考虑，把这些要素看作一个有机联系的系统，并把这个系统和谐地纳入地球大系统内，当人类考虑生产和消费活动的全过程时，不能把自身置于这个大系统外，要将自己作为这个系统的一部分来研究符合客观规律的制度和原则"。

循环经济作为一种新的经济发展模式，这种新主要体现在：

1. 体现了新的道德观

循环经济的道德观是生态道德观，由"以人类为中心"转向"以生态为中心"。人类不应再以自然的主宰自居，随意地去征服自然、改造自然，而应该自觉地把自己视为自然的一部分，一切活动必须以遵循自然规律为准则。人与自然是一个密不可分的利益共同体，人在考虑生产和消费时不再置身于这一大系统之外，而是将自己作为这个大系统的一部分来研究符合客观规律的经济原则，保护生态系统，维持大系统持续发展。学会并处理好与自然的和谐相处是人类的神圣使命，强调同代人之间的公平和代际公平是人的基本道德。它要求我们在环保立法和经济建设中要以生态主义的道德观为底线，逐步树立"生态文明"的发展观。

2.体现了新的生产观和消费观

传统的生产观追求大量的生产以实现 GDP 指标的不断攀升，传统的消费观追求大量的消费以拉动内需、促进经济的快速发展并刺激再生产的扩大化，即拼命生产，拼命消费，再拼命生产。在此观念的影响下，催生了许多的社会负面效应并对资源和环境施加了巨大的压力。

推行循环经济就是要鼓励生产部门采用循环式的清洁生产，以尽可能少的资源消耗、尽可能小的环境代价实现最大的经济和社会效益，促进经济社会可持续发展和人与自然和谐发展。循环经济的"3R"原则中的"减量化"是针对生产输入端而言的，指在产品生产和服务过程中尽可能减少资源消耗和废弃物的产生，核心是提高资源利用效率，减少自然资源消耗；"再利用"是针对生产过程而言的，指产品多次使用或修复、翻新和再制造后继续使用，以延长产品的生命周期，防止产品过早地成为废弃物，减少对环境的污染；"资源化"是针对生产输出端而言的，指废弃物最大限度变成资源，变废为宝，化害为利，关键是减少废弃物的排放，减轻环境的纳污负担。循环经济的消费观就是生态消费观和适度消费观。通过循环经济的生态、适度消费观以达到向生产领域发出价格和需求的刺激信号，刺激生产领域的清洁技术与工艺的研发和应用，带动环境友好产品和服务生产的良性循环之目的。

正是因为循环经济的生产观和消费观注重从源头上节约资源，采取对环境友好的生产和消费方式，是对"大量生产、大量消费、大量废弃"的传统增长模式的根本变革，因此它是缓解资源短缺矛盾的根本出路，是从根本上减轻环境污染的有效途径。

3.体现了新的发展观

循环经济的发展观是可持续的发展观。过去在衡量一个地方或政府的发展水平和业绩时，仅用 GDP 作为标准。而循环经济更注重自然、经济、社会的协调发展，是一种可持续的发展观，这需要我们彻底摒弃地方保护主义、官僚主义和官本位政绩观，要强调改善环境就是发展生产力。

三、循环经济的原则

（一）减量化原则

减量化原则是全过程控制输入端方法，旨在从生产和消费流通的源头控制和减少物质的投入量。这项原则打破了传统末端治理的方式，人们不再走"先污染后治理"高成本、低效率的老路，而认识到了从源头预防的重要性。同时，减量化原则绝不是单纯的减少物质利用数量，减慢发展速度的意思，其核心是促进科学技术进步、提高资源利用率、减少资源消耗。换句话说，减量化原则是要求在不影响经济发展速度和人们生活水平的前提下，减少物质资源使用量，使"经济增长具有持续性和与环境的相容性"。根据这一原则，在生产中，要求生产商重新设计优化生产体系，提高资源利用率，减少单位产品的物质使用量，进而减少废弃物的排放。譬如，汽车制造商可以尽量考虑生产小型化、轻型化的汽车产品来取代重型汽车。轻型汽车不但可以减少金属资源的使用量，且采用柴油机，耗油量较低，对空气中排放的 CO_2，也只相当于汽油机的十分之一。这样一来在节约资源的同时，还降低汽车尾气排放量，保护了环境。在消费中，消费者应摒弃奢侈消费、过度消费的观念，实行适度消费、绿色消费。在购买产品时，尽量选用包装物较少、可以循环使用的，抵制不耐用或一次性产品，以减少废弃物的产生。

（二）再利用原则

再利用原则是过程性方法，其目的在于尽可能地延长产品使用周期，多次、重复、多种方式利用，防止产品过早成为废弃物。在生产领域，同一产品类型的不同生产者均应采用零部件的标准尺寸进行设计、生产，使产品在更新换代或损坏时，只需更换零部件，而不必更换整个产品。在生活中，人们将产品废弃之前，应该想一想该产品对家中其他产品、单位、他人是否还有利用价值。这样不仅能使物资得到循环利用，还能有效减少家庭开支。

（三）资源化原则

资源化原则也称为再循环原则，是针对输出端的原则。它是指人们将已经废弃的物品，通过加工使其转变为再生资源，再次进入生产和流通领域进行利用。这样不仅控制和减少了新资源的开采和使用量，同时还能减少废弃物的处理量和末端处理（如焚烧垃圾）给环境带来的压力。资源化分为原级资源化和次级资源化两种情况。原级资源化是指将废弃物经过加工处理转变为再生资源用于同类产品的生产，如废弃报纸和易拉罐的回收利用均属于原级资源化。这种循环方式可以减少 20%—90% 的原生材料的使用量。次级资源化是指将退出使用领域的物品经过加工处理转变为再生资源，用于与原产品不同的其他产品的生产。这种循环方式对原生材料的使用量的减少最高可达到 25%。从以上数据可以看出，原级资源化对原生材料的节约率要远远高于次级资源化，是循环经济最高的理想境界。但两者都通过对废弃物的资源化减少了原生材料的使用量，达到了节约资源、保护环境的效果。

第六章

环境法的基本制度

第一节　环境影响评价制度

一、环境影响评价制度概述

（一）环境影响评价制度的概念

环境影响评价（Environment Impact Assessment,EIA），是指对规划和建设项目实施后可能造成的环境影响进行分析、预测和评估，提出预防或者减轻不良环境影响的对策和措施、进行跟踪监测的方法与制度。这一概念有三个方面的含义：首先，环境影响评价的对象是规划和建设项目；其次，环境影响评价的内容是对环境规划和建设项目实施后可能产生的环境影响进行分析、预测和评估，提出预防或者减轻不良影响的对策和措施，是一种预测性的评价；最后，环境影响评价是一种法定的评价制度，由法律专门进行规定。

环境影响评价制度是有关环境影响评价的适用范围、评价内容、审批程序、法律后果等一系列法律规定的总称，它是环境影响评价活动在法律上的表现，是一项强制性的法律制度。其宗旨是为了实施可持续发展战略，预防因规划和建设项目实施后对环境造成的不良影响，促进经济、社会和环境的协调发展。它是贯彻预防为主原则，防止产生新的环境污染或生态破坏的一项重要环境资源法律制度。

（二）环境影响评价制度的发展

1. 国外环境影响评价制度的产生和发展

环境影响评价的概念最早出现于 1964 年加拿大召开的一次学术会议，作为一项环境法律基本制度，则是在美国 1969 年颁布的《国家环境政策法》中最早得到确立的。自美国《国家环境政策法》规定实施环境影响评价法律制度以来，环境影响评价制度经历了一个从单个项目的环境影响评价（EIA）—规划计划层次的环境影响评价—政策法律层次的环境影响评价—战略环境影响评价（SEA）的发展过程。目前，世界上大多数国家和有关国际组织已通过立法或国际条约采纳和实施环境影响评价，评价对象和范围已经涉及具体的建设项目以及立法、规划计划、重大经济技术政策的制定和开发区的建设等活动。

到 20 世纪 90 年代后期，有许多国家的环境法律对环境影响评价作了原则性的规定，除工业发达国家外，有 70 多个发展中国家和处于经济转型的国家通过环境立法采用了环境影响评价方法，有 30 多个国家制定了专门的环境影响评价法规，具有法律约束力的环境影响评价程序已得到广泛应用，环境影响评价已构成环境与发展之间关系的重要纽带。例如，瑞典《自然资源管理法》（1987 年第 12 号法律）第 5 章对环境影响评价作了明确规定，要求"开发设施或措施的许可申请应当包括环境影响评价"（第 1 条）、开发活动必须依法"进行环境影响评价"（第 2 条）、"环境影响评价应当做到对开发计划的整体评价"（第 3 条）。根据瑞典环境法的规定，一切开发建设项目的行为人，均要申请许可，并在申请许可时，提交环境影响报告（自 1991 年起）。政府部门在审查许可证时，不但要考虑到资源的利用，更重要的是资源与环境的保护。当一般的开发建设项目与敏感的生态环境保护或珍稀物种保护矛盾时，保护敏感的生态环境和珍稀物种处于优先地位。加拿大《环境保护法》（1988 年）、日本《环境基本法》（1993 年）、荷兰《环境保护法总则》（1993 年）都规定了环境影响评价法律制度。德国于 1990 年颁布的《环境影响评价法》，对环境影响评价的内容、程序作了详细规定，统一了过去各单行法中的有关规定。该法明确规定环境影响评价的目的是调查、描述、评估工程对环境的影响，以便政府决定是否许可该工程的进行。日本《环境影响评价法》（1997 年 6 月）共有 8 章 61 条，对环境影响评价的适用范围和对象，环境影响评价准备书制作前的程序（包括建设项目的确定、方法书的制作和环境影响评价的实施），环境影响评价准备书的制作、内容和提交，环境影响评价书的制作与修改，修改建设项目内容时的环境影响评价及其他程序，环境影响评价书的公布及审查，环境影响评价及其他程序的特例（包括城市规划中规定的对象项目，港湾规划的环境影响评价及其他程序），以及细则等作了详细的规定。

2. 中国的环境影响评价制度的发展

中国的环境影响评价法律制度主要是在建设项目环境管理实践中不断发展起来的，它经历了一个逐步形成、完善的过程，大体上可以分为三个阶段。

从《环境保护法（试行）》（1979 年 9 月）颁布至《建设项目环境保护管理办法》（

1986 年 3 月）颁布，是环境影响评价法律制度的试验、探索阶段。《环境保护法（试行）》第 6 条明确规定："一切企业、事业单位的选址、设计、建设和生产，都必须防止对环境的污染和破坏。在进行新建、改建和扩建工程时，必须提出对环境影响的报告书，经环境保护部门和其他有关部门审查批准后才能进行设计……"从此，我国从立法上确立了环境影响的评价制度。之后，包括《关于基建项目、技措项目要严格执行"三同时"的通知》（1980 年 11 月国家计委、国家建委、国家经委、国务院环境保护领导小组）在内的许多法规性、政策性文件都强调环境影响评价问题。

从《建设项目环境保护管理办法》颁布至《建设项目环境保护管理条例》（1998 年 11 月）颁布，是环境影响评价法律制度逐步建立健全的阶段。《建设项目环境保护管理办法》（以下简称《办法》）的颁布实行，标志着我国环境影响评价法律制度的初步建立。该《办法》对环境影响评价的范围、内容、程序、审批权限、执行主体的权利义务和保障措施等作了全面规定。之后一系列环境保护法律、法规和行政规章大都规定了有关环境影响评价的措施和要求。例如，1989 年《环境保护法》第 13 条规定："建设项目的环境影响报告书，必须对建设项目产生的污染和对环境的影响做出评价。"《国家环境保护局职能配置、内设机构和人员编制方案》（1994 年 2 月）提到，国家环境保护局"组织对重大经济政策的环境影响评价"。《国务院关于环境保护若干问题的决定》规定，"在制订区域和资源开发、城市发展和行业发展规划，调整产业结构和生产力布局等经济建设和社会发展重大决策时，必须综合考虑经济、社会和环境效益，进行环境影响论证"。对没有执行环境影响评价法律制度，擅自建设或投产使用的新建项目，由县级以上环境保护行政主管部门提出处理意见，报县级以上人民政府责令其停止建设或停止投产使用。《环境噪声污染防治法》第 13 条规定："环境影响报告书中，应当有该建设项目所在地单位和居民的意见。"这已成为我国公众参与环境影响评价的法律根据。《建设项目环境保护管理程序》（1990 年 6 月）、《建设项目环境保护设施竣工验收管理规定》（1994 年 12 月）等行政规章，对环境影响评价的适用范围、内容、程序和保障措施等问题作了具体规定。《建设项目环境保护管理条例》（1998 年 11 月）的颁布实施，标志着我国环境影响评价法律制度的基本建立。

从《建设项目环境保护管理条例》至《环境影响评价法》的颁布，是环境影响评价法律制度的完善、提高阶段。1999 年 3 月，依据《建设项目环境保护管理条例》，国家环境保护总局颁布第 2 号令，公布《建设项目环境影响评价资格证书管理办法》，对评价单位的资质进行规定。同年 4 月，国家环境保护总局《关于公布建设项目环境保护分类管理名录（试行）的通知》公布了分类管理名录。2002 年 10 月 28 日《环境影响评价法》由第九届全国人大常委第三十次会议通过并公布，自 2003 年 9 月 1 日起开始施行。《环境影评价法》对环境影响评价制度作出综合规定，并专章规定了规划环境影响评价。环境影响评价从建设项目扩展到规划项目。2004 年 2 月，国家人事部和环保总局在全国建立环境影响评价工程师职业资格制度，对从事环境影响评价工作人员进行了规范化管理。

2009 年 8 月 12 日国务院第 76 次常务会议通过《规划环境影响评价条例》："国务院有关部门、设区的市级以上地方人民政府及其有关部门，对其组织编制的土地利用的有关规划和区域、流域、海域的建设、开发利用规划（以下称综合性规划），以及工业、农业、畜牧业、林业、能源、水利、交通、城市建设、旅游、自然资源开发的有关专项规划（以下称专项规划），应当进行环境影响评价。"这一立法加强对规划的环境影响评价工作，提高规划的科学性，从源头预防环境污染和生态破坏，促进经济、社会和环境的全面协调可持续发展。

2015 年 4 月 2 日由环境保护部部务会议修订通过的《建设项目环境影响评价资质管理办法》，自 2015 年 11 月 1 日起施行。该管理办法加强建设项目环境影响评价管理，提高环境影响评价工作质量，维护环境影响评价行业秩序。2016 年 4 月 15 日，环境保护部印发《关于积极发挥环境保护作用促进供给侧结构性改革的指导意见》。该指导意见要求加强规划环评与建设项目环评联动，全面开展产业园区、公路铁路及轨道交通、港口航道、矿产资源开发、水利水电开发等重点领域规划环评。对于重点领域相关规划未依法开展环评的，不得受理建设项目环评文件。对于已依法开展规划环评的，要将规划环评结论及审查意见作为项目环评审批的重要依据。

（三）环境影响评价制度的特征

1. 强制性

强制性作为法律的基本特征，自然也不例外于环境影响评价法律制度，这种强制性严格约束着所有人，人们在从事与环境相关的事项时都必须掌握好绝对的"度"。"当一国一旦通过立法对环境影响评价进行确认，即具有了法的强制性，纳入环境影响评价立法范围的所有行为都必须予以评价，不以行为主体的意志为转移，否则会承担不利法律后果。"因此，这就要求只要囊括在环境影响评价法律范围之内的全部行为都必须经过环境影响评价制度的审视，同时自然而然地那些违反《环境影响评价法》的人或单位或者根本没有进行环境影响评价的个人和组织都要承担相应的法律责任。同样地，针对业已开展却不符合环境影响评价结果报告的项目强制性予以整改，直至符合法律规定的要求才得以施行。

2. 预测性

环境影响评价是事先对人类所从事的社会活动可能给环境带来不良效应而进行评估的

方法和手段。所以，环境影响评价法律制度关键在事前就对规划等宏观决策行为和微观的建设项目对环境可能产生的影响进行科学客观综合调查描述、预测、分析及评估，并在此基础上提出环境保护对策措施。可见，该制度的这一特性使其有助于促进生态环境的可持续发展，也是平衡社会、经济与环境之间的关系并实现既定环境保护目标的积极措施。从调查研究和分析开发行为、经济发展对周围环境的影响着手，系统了解预测区域规划、具体项目给环境造成的损害程度和情况，找出行之有效的预防对策和措施，最大限度地减少可能带来的生态影响和破坏。所以，既要重视我们当代人的生存发展问题，还要充分考虑到我们子孙后代的长足发展。

3.客观性

从哲学方面来看，客观事物是不以人的意志为转移的。同样地，对人类社会活动事先进行环境影响评价也不能是人的主观臆断，而是通过此前积累的经验来对相同事物进行提前分析，不能为了人类自身的主观利益来改变客观结果，如若环境影响评价用此方法来满足人们的利益需求，这会给人类和生存环境造成严重的伤害和破坏。我们要建立在尊重客观事物发展规律的基础上，用实事求是的科学态度对待实地考察，并采集诸多客观数据进行综合分析，归纳出有益于保护生态环境的结论和对策，为人类开发活动的有效执行提供科学民主的理论依据。所以，客观性具有指导意义，突出体现了环境影响评价是预防人类活动破坏生态环境的重要保证。

4.专业性

总体来说，环境影响评价是一种科学的方法或手段。它是人类在总结环境保护工作中对逐渐涉及的交叉学科领域进行汇总，以及中央层面颁布制定的环境影响评价技术规范和标准等，还涉及开发活动应当严格遵守的具体技术要求。因此，需要采取多种专业技术与多类学科的综合配合，再由拥有专门资质的机构和工作人员根据法律规定，严格按照程序进行环境影响评价，才能避免政府机关影响、干涉环境影响评价活动的开展，使之得出具有说服力、可操作性强的结论。同时，这也是要求环境影响评价报告书必须由各专门科研机构组成的环境影响评价单位进行编制的原因。

二、我国环境影响评价制度的主要内容

（一）环境影响评价制度的适用范围

环境影响评价制度主要包括规划环境影响评价和建设项目环境影响评价两个方面。

1. 规划环境影响评价的适用范围

规划环境影响评价适用范围包括：国务院有关部门、设区的市级以上地方人民政府及其有关部门组织编制的土地利用的有关规划，区域、流域、海域的建设、开发利用规划（简称综合性规划）；国务院有关部门、设区的市级以上地方人民政府及其有关部门组织编制的工业、农业、畜牧业、林业、能源、水利、交通、城市建设、旅游、自然资源开发的有关专项规划（简称专项规划）；放射性固体废物处置场所选址规划等。

2. 建设项目环境影响评价的适用范围

建设项目环境影响评价适用于对环境有影响的项目，包括：工业、交通、水利、农林、商业、卫生、文教、科研、旅游、市政等对环境有影响的一切基本建设项目、技术改造项目；领域开发、开发区建设、城市新区建设和旧城改造等区域性开发活动；中外合资、中外合作、外商独资等引进项目；建设储存、处置固体废物等污染集中治理项目；核设施选址、建造、运行、退役等活动，开发利用或者关闭铀矿等核工业和核技术项目。建设项目的环境影响评价，应当避免与规划的环境影响评价相重复。作为一项整体建设项目的规划，如果已按照建设项目进行环境影响评价，就不进行规划的环境影响评价。已经进行环境影响评价的规划所包含的具体建设项目，建设单位可以简化其环境影响评价内容。

（二）环境影响评价的分类管理

由于不同性质、类型和规模的规划和建设项目可能造成不同的环境影响，因而有必要对环境影响评价进行分类管理。

进行环境影响评价的规划之具体范围，由国务院环境保护行政主管部门会同国务院有关部门规定，报国务院批准。综合性规划在规划编制过程中组织进行环境影响评价，编写环境影响的篇章或者说明；专项规划在该专项规划草案上报审批前，组织进行环境影响评价，提出环境影响报告书；专项规划中的指导性规划，按照综合性规划环境影响评价的规定进行环境影响评价。

建设项目的环境影响评价分类管理名录，由国务院环境保护行政主管部门制定公布。建设单位应当按照下列规定编制环境影响报告书、环境影响报告表或者填报环境影响登记表。

可能造成重大环境影响的，应当编制环境影响报告书，对产生的环境影响进行全面评价。

可能造成轻度环境影响的，应当编制环境影响报告表，对产生的环境影响进行分析或者专项评价。

对环境影响较小，不需要进行环境影响评价的，应当填报环境影响登记表。

2002年10月，国家环境保护总局公布了《建设项目环境保护分类管理名录》，并规定国家法律、法规及产业政策明令禁止建设或投资的建设项目，如列入《淘汰落后生产能力、工艺和产品的目录》和《工商领域禁止重复建设目录》的建设项目不适用该名录。各级环保行政主管部门不得批准此类建设项目环境影响报告书、环境影响报告表或者环境影响登记表。

（三）环境影响评价的文件

1. 综合性规划的有关环境影响的篇章或者说明

综合性规划的有关环境影响的篇章或者说明，是由组织编制综合性规划的行政机关依法向规划审批机关提交的对规划进行环境影响评价的书面文件。主要内容包括：对规划实施后可能造成的环境影响作出分析、预测和评估，提出预防或者减轻不良环境影响的对策和措施。综合性规划有关环境影响的篇章或者说明应该作为规划草案的组成部分一并报送规划审批机关。

2. 专项规划的环境影响报告书

专项规划的环境影响报告书，是由组织编制专项规划的行政机关依法向规划审批机关提交的对规划进行环境影响评价的书面文件。专项规划的环境影响报告书内容包括：①实施该规划对环境可能造成影响的分析、预测和评估；②预防或者减轻不良环境影响的对策和措施；③环境影响评价的结论。

3. 建设项目的环境影响报告书

建设项目的环境影响报告书，是由建设单位依法向环境保护行政主管部门提交的对建设项目产生的污染和对环境的影响进行全面、详细的评价的书面文件。建设项目的环境影响报告书内容包括：①建设项目的基本情况，包括项目地点、建设规模、产品方案和工艺方法、主要原料、燃料、用水量和来源、各种废物的排放量及排放方式、废弃物回收利用方案等；②建设项目周围环境状况的调查，包括水文地质状况、气象情况、自然资源情况和人文环境状况等；③建设项目对环境可能造成影响的分析、预测和评估；④建设项目环境保护措施及其技术、经济论证；⑤建设项目对环境影响的经济损益分析；⑥对建设项目实施环境监测的建议；⑦环境影响评价的结论。涉及水土保持的建设项目，还必须有经过水行政主管部门审查同意的水土保持方案。

4. 建设项目环境影响报告表

建设项目环境影响报告表，是由建设单位依法向环境保护行政主管部门提交的对建设项目产生的环境影响进行分析或者专项评价的书面文件。建设项目环境影响登记表，是由对不需要进行环境影响评价的建设项目之建设单位依法向环境保护行政主管部门填报的规定格式的表格。

（四）环境影响评价的程序

1．评价形式筛选程序

环境影响评价形式筛选程序的主要工作是确定一个开发建设项目是编制环境影响报告书还是填写环境影响报告表。对于建设项目环境评价形式，在具体筛选中可分为三类，并且实行不同程度的管理措施。

（1）可能造成重大环境影响的建设项目。对可能造成重大环境影响的建设项目，应当编制环境影响报告书，对可能产生的环境影响进行全面评价。属于该类项目的有：所有流域开发、开发区建设、城市新区建设和旧区改建及区域开发性项目；可能对环境敏感区造成影响的大中型建设项目；污染因素复杂，产生污染物种类多，产生量大，产生的污染物毒性大且难降解的建设项目；造成生态系统结构的重大变化或生态环境功能重大损失的项目；影响到重要生态系统、脆弱生态系统、有可能造成或加剧自然灾害的建设项目；易引起跨行政区污染纠纷的建设项目。根据环境评价法的规定，这类建设项目必须编制环境影响报告书，对产生的环境影响进行全面的评价，并规定：除国家规定需要保密的项目外，对环境可能造成重大影响、应当编制环境影响报告书的建设项目，建设单位应当在报批建设项目环境影响报告书前，举行论证会、听证会，或者采取其他形式，征求有关单位、专家和公众的意见；且建设单位报批的环境影响报告书应当出具对有关单位、专家和公众的意见采纳或者不采纳的说明，即要求在环境评价中必须有公众的参与。

（2）可能造成轻度环境影响的建设项目。对可能造成轻度环境影响的建设项目，应当编制环境影响报告表，对产生的环境影响进行分析或者专项评价。属于该类型的项目有：不对环境敏感区造成影响的中等规模的建设项目；污染因素简单，污染物种类少和产生量小且毒性较低的中等规模的建设项目；对地形、地貌、水文、植被、野生珍稀动植物等生态条件有一定影响，但不改变生态系统结构和功能的中等规模以下的建设项目；污染因素少，基本上不产生污染的大型建设项目；在新、老污染源均达标排放的前提下，排污量全面减少的技术改造项目。

（3）对环境影响很小的建设项目。对环境影响很小、不需要进行环境影响评价的建设项目，应当填报环境影响登记表。属于该类项目的有：基本不产生废水、废气、废渣、粉尘、恶臭、噪声、振动、放射性、电磁波等不利影响的建设项目；基本不改变地形、地貌、水文、植被、野生珍稀动植物等生态条件和不改变生态环境功能的建设项目；不对环境敏感区造成影响的小规模的建设项目；无特别环境影响的第三产业项目。

2．评价文件的编制和审批程序

（1）规划环境影响评价文件的编制、审批程序综合性规划的编制机关，在规划编制过程中组织进行环境影响评价，编写该规划有关环境影响的篇章或者说明，作为规划草案的组成部分一并报送规划审批机关。对未编写有关环境影响的篇章或者说明的规划草案，审批机关不予审批。专项规划的编制机关，在该专项规划草案上报审批之前，组织进行环境影响评价，并向审批该专项规划的机关提出环境影响报告书。专项规划的编制机关在报批规划草案时，应当将环境影响报告书一并附送审批机关审查；未附送环境影响报告书的，审批机关不予审批。

设区的市级以上人民政府在审批专项规划草案，作出决策前，应当先由人民政府指定的环境保护行政主管部门或者其他部门召集有关部门代表和专家组成审查小组，对环境影响报告书进行审查，审查小组应当提出书面审查意见。由省级以上人民政府有关部门负责审批的专项规划，其环境影响报告的审查办法，由国务院环境保护行政主管部门会同国务院有关部门制定。

设区的市级以上人民政府或者省级以上人民政府有关部门在审批专项规划草案时，应当将环境影响报告书结论以及审查意见作为决策的重要依据。在审批中未采纳环境影响报告书结论以及审查意见的，应当作出说明，并存档备查。

（2）建设项目环境影响评价文件的编制、审批程序。在可行性研究阶段，建设单位应结合选址，对建设项目建设和投产使用后可能造成的环境影响，进行简要说明或初步分析。环境影响评价文件中的环境影响报告书或者环境影响报告表，应当由具有相应环境影响评价资质的机构编制。建设项目环境影响评价文件的审批程序分为报批、预审、审核和审批。审批部门应当自收到环境影响报告书之日起 60 日内，收到环境影响报告表之日起 30 日内，收到环境影响登记表之日起 15 日内，分别作出审批决定并书面通知建设单位。

3．公众参与程序

《环境影响评价法》第 5 条规定，国家鼓励有关单位、专家和公众以适当方式参与环境影响评价。该法第 11 条规定，专项规划的编制机关对可能造成不良环境影响并直接涉及公众环境权益的规划，除国家规定需要保密的情形外，应当在该规划草案报送审批前，举行论证会、听证会，或者采取其他形式，征求有关单位、专家和公众对环境影响报告书草案的意见。编制机关应当认真考虑有关单位、专家和公众对环境影响报告书草案的意见，并应当在报送审查的环境影响报告书中附具对意见采纳或者不采纳的说明。该法第21条规定，除国家规定需要保密的情形外，对环境可能造成重大影响、应当编制环境影响报告书的建设项目，建设单位应当在报批建设项目环境影响报告书前，举行论证会、听证会，或者采取其他形式，征求有关单位、专家和公众的意见。建设单位报批的环境影响报告书应当附具对有关单位、专家和公众的意见采纳或者不采纳的说明。

4. 跟踪评价程序

《环境影响评价法》明确规定不仅在规划和项目建设之前进行环境影响评价，而且要进行规划实施后的跟踪评价和建设项目的环境影响的后评价与跟踪检查。对环境有重大影响的规划实施后，编制机关应当及时组织环境影响的跟踪评价，发现有明显不良环境影响的，应该及时提出改进措施。如果在项目建设、运行过程中产生不符合经审批的环境影响评价文件的情形的，建设单位应当组织环境影响的后评价，采取改进措施，并报原环境影响评价文件审批部门和建设项目审批部门备案；原环境影响评价文件审批部门也可以责成建设单位进行环境影响的后评价，采取改进措施。

（五）不依法进行环境影响评价的法律后果

《环境影响评价法》第29—34条对不依法进行环境影响评价的法律后果作出了明确规定。包括不依法进行环境影响评价的规划及建设项目的法律责任，环评机构违法环评的法律责任，生态环境主管部门或者其他部门的工作人员的违法责任。

1. 未依法进行环评的规划，追究有关人员责任

规划编制机关未组织环境影响评价，或者组织环境影响评价时弄虚作假或者有失职行为，造成环境影响评价严重失实的，对直接负责的主管人员和其他直接责任人员，由上级机关或者监察机关依法给予行政处分。

规划审批机关对依法应当编写有关环境影响的篇章或者说明而未编写的规划草案，依法应当附送环境影响报告书而未附送的专项规划草案，违法予以批准的，对直接负责的主管人员和其他直接责任人员，由上级机关或者监察机关依法给予行政处分。

2. 未依法进行环评的建设项目，追究有关人员责任

建设单位未依法报批建设项目环境影响报告书、报告表，或者建设项目的环境影响评价文件经批准后，建设项目的性质、规模、地点、采用的生产工艺或者防治污染、防止生态破坏的措施发生重大变动的，建设单位没有重新报批建设项目的环境影响评价文件，或者建设项目的环境影响评价文件自批准之日起超过五年，方决定该项目开工建设的，建设单位没有报请重新审核环境影响报告书、报告表，而擅自开工建设的，由县级以上生态环境主管部门责令停止建设，根据违法情节和危害后果，处建设项目总投资额百分之一以上百分之五以下的罚款，并可以责令恢复原状；对建设单位直接负责的主管人员和其他直接责任人员，依法给予行政处分。

建设单位未依法备案建设项目环境影响登记表的，由县级以上生态环境主管部门责令备案，处五万元以下的罚款。

建设项目环境影响报告书、环境影响报告表存在基础资料明显不实，内容存在重大缺陷、遗漏或者虚假，环境影响评价结论不正确或者不合理等严重质量问题的，由设区的市级以上人民政府生态环境主管部门对建设单位处五十万元以上二百万元以下的罚款，并对建设单位的法定代表人、主要负责人、直接负责的主管人员和其他直接责任人员，处五万元以上二十万元以下的罚款。

3. 对环评机构责任的追究

接受委托编制建设项目环境影响报告书、环境影响报告表的技术单位违反国家有关环境影响评价标准和技术规范等规定，致使其编制的建设项目环境影响报告书、环境影响报告表存在基础资料明显不实，内容存在重大缺陷、遗漏或者虚假，环境影响评价结论不正确或者不合理等严重质量问题的，由设区的市级以上人民政府生态环境主管部门对技术单位处所收费用三倍以上五倍以下的罚款；情节严重的，禁止从事环境影响报告书、环境影响报告表编制工作；有违法所得的，没收违法所得。

编制单位有违法行为的，编制主持人和主要编制人员五年内禁止从事环境影响报告书、环境影响报告表编制工作；构成犯罪的，依法追究刑事责任，并终身禁止从事环境影响报告书、环境影响报告表编制工作。

4. 对不依法进行环评的责任人的追究

负责审核、审批、备案建设项目环境影响评价文件的部门在审批、备案中收取费用的，由其上级机关或者监察机关责令退还；情节严重的，对直接负责的主管人员和其他直接责任人员依法给予行政处分。

生态环境主管部门或者其他部门的工作人员徇私舞弊，滥用职权，玩忽职守，违法批准建设项目环境影响评价文件的，依法给予行政处分；构成犯罪的，依法追究刑事责任。

第二节　环境行政许可制度

一、环境行政许可制度概述

环境行政许可制度是防范环境风险必不可少的法律制度，它是我国环境保护监督管理的重要手段，同时也是环境行政管理相对人获得相关权利和确认相关义务的法定途径。

（一）环境行政许可制度的概念

《中华人民共和国行政许可法》（以下简称《行政许可法》）第2条规定："本法所称行政许可，是指行政机关根据公民、法人或者其他组织的申请，经依法审查，准予其从事特定活动的行为。"《行政许可法》对行政许可的分类主要有普通许可、特许、认可、核准、登记五类。普通许可是确认相对人是否具备从事某种活动的条件的许可，是最常见的一类许可。这类许可通常无数量限制，其目的是保障安全、防止危险。如环评审批、施工许可等。特许是由行政机关代表国家向相对人授予某种权利，主要适用于自然资源的开发利用、有限公共资源的配置、垄断性企业的市场准入等。这类许可的目的是分配有限的资源，一般有数量限制，如海域使用许可、排污许可等。认可是行政机关对相对人是否具备特定技能的认定，表现为资格、资质许可。这类许可往往需要通过考试、考核等方法实施，其主要目的是提高从业水平、技能，如环评机构资质、核设施操纵员执照、地质勘查单位资质等。核准是行政机关按照技术规范或技术标准，通过检验、检疫、检测等方式，对重要设备、设施、产品、物品进行审定。行政机关实施这类许可一般无自由裁量权，凡是符合技术标准、技术规范的，都要予以核准。这类许可的主要目的是防止危险、保障安全。这类许可通常无数量限制，如生猪屠宰检疫、建设项目环保验收等。登记是指对于企业或者其他组织的设立，由行政机关通过登记的方式，确立特定主体的资格。这类许可通常无数量限制，凡是符合法定条件、标准的，都要准予登记。这类许可的主要目的是向公众提供证明或信息，降低市场风险。

《行政许可法》第13条规定，对上述五类事项，通过下列方式能够予以规范的，可以不设行政许可：公民、法人或者其他组织能够自主决定的；市场竞争机制能够有效调节的；行业组织或者中介机构能够自律管理的；行政机关采用事后监督等其他行政管理方式能够解决的。

公民、法人或其他组织从事特定活动的申请一旦获得批准，行政机关就会为其颁发许可证。许可证，也称执照、特许证、批准书等，在环境管理中使用的许可证种类繁多。有适用于发展规划、选址等的规划许可证，有适用于自然资源开发的许可证，如土地、森林、矿藏等的开发许可证，有适用于对环境有影响的各种工程建设的建设许可证，有适用于危险、有毒物品或严重危害环境的产品的生产销售许可证，有适用于向环境排放各种污染物的排污许可证。在环境管理中使用最广泛的是排污许可证。

环境行政许可是行政许可的一种特定方式，环境行政许可的目的在于保护生态环境。行政主体基于生态环境保护目的实施行政许可，是环境行政许可最本质的内涵，至于该许可由何种行政机关来实施，则是行政组织内部的分工问题。行政主体基于生态环境保护之目的实施行政许可有两种情形：一是该行政许可的唯一目的即是生态环境保护，如环评审批、排污许可；二是该行政许可有多重目的，环境保护是其中的目的之一，如危险化学品管理方面的行政许可，既有保障公共安全之目的，又有环境保护之目的。如今环境问题已渗透到社会经济的各个层面，环境管制措施与其他管制措施出现交叉融合，这就造成环境法律关系的对象很复杂。故"环境行政许可是指有关行政机关根据公民、法人或者其他组织的申请，基于环境保护之目的进行依法审查后，通过颁发许可证、执照等形式，赋予或者确认该申请方从事该种活动的法律资格或法律权利的法律制度"。

环境行政许可制度就是国家通过法定程序，以法律规范性文件的形式确立的对环境行政许可活动进行规范的制度。环境行政许可制度是国家为加强环境管理而采用的一种卓有成效的行政管理制度。它有利于对开发利用环境的各种活动进行事先审查，也有利于对这类活动的事中控制和事后救济。因此，在许多国家环境行政许可制度都被视为环境法的支柱性法律制度。

（二）环境行政许可制度的特点

环境行政许可制度作为环境行政相对人获得从事某项活动权利的法定方式，是环境保护的重要制度，具有独立的特点。

1. 公益性

环境行政许可设立的目的是保护生态环境，维护公众环境公益。生态环境一旦被污染或破坏，其恢复治理难度相当大，甚至无法恢复。因而，环境问题的解决方法以预防为主，这是许可证制度在环境法上得到广泛运用的根本原因。涉及环境行政许可的事项包括自然资源的开发、为公众提供服务、国家安全、公共安全、人身健康、垄断市场准入等特定活动、特定资格。环境行政许可实质上是授予公民、法人或其他组织在一定条件下从事对环境有影响活动的权利。因此，国家机关必须对被许可人的活动实施监督管理，从而避免了这类行为的任意性，使环境风险处于政府可控制的范围内。一旦发现其行为背离了环境行政许可设立的目的，有权对其许可进行撤销、废止、中止、吊销、注销。环境行政许可制度具有广泛的公益性，充分体现了保护公众环境利益的特性。

2. 科技性

科学技术是一把双刃剑，一方面，环境问题的产生是科技发展的产物；另一方面，环境问题的解决又有赖于科技的进一步发展。作为以解决环境问题为目的的环境行政许可制度，其实施要以大量的环境标准、相关技术规范、操作规程和控制污染的工艺技术等为支撑。环境行政许可通常要以科学标准、技术规范作为审批标准。因而一些环境行政许可的申请材料往往需要借助专业力量，由专业机构进行编制。由于科学技术性，一些开发活动与环境损害之间的因果关系往往认定困难，这就造成环境行政许可通常决策于科技未知之中，所做的行政许可决定若干年后有可能被证明是错误的或有偏差。因为许多环境上的损害行为在日后通过科技进步才被发现，因而环境行政许可更具决策风险。

3. 有限性

自然资源不是取之不尽、用之不竭的，而是具有有限性的。生态环境的容量同样具有有限性。环境污染导致环境容量减少，会直接影响他人对环境的利用率。环境资源的有限性直接决定了环境行政许可制度的有限性。国家借助环境行政许可制度对环境资源进行保护，在涉及环境容量、资源数量的时候，其许可数量应当具有有限性，这种有限性的体现通常为预先设立限制条件。

许可的获得必须由申请人预先申请并获准，即许可的授予必须经申请人事先申请，严格审查，审批发证机关不得主动授予。只有依预设的特定目的、条件、程序申请并经特定机关审核批准，才能获得许可。它有利于对开发利用资源环境的各种活动进行事先审查和控制，将影响环境资源的各种活动进行严格控制，对不符合环境保护要求的活动不予批准。未经许可，不得从事许可的特定事项。

（三）环境行政许可制度的种类

我国在下列环境与资源保护管理的法律中，规定了许可证制度。《中华人民共和国城市规划法》第31条、第32条规定，关于在城市规划区域内进行各项建设征用国家或集体所有的土地，需要向城市规划主管部门提出建设用地申请，经审查批准，发给建设用地许可证后，方可使用土地；在城市规划区域内，需要新建、改建、扩建任何建筑物、构筑物、敷设道路和管线者，也须申请建设许可证。《海洋环境保护法》第二章中，关于向海洋倾废，须向主管部门提出申请，经批准发给许可证后，方可按许可证规定的期限、条件和指定的区域进行倾倒。《农药登记规定》中，关于农药的生产、销售和在大田进行药效示范或在特殊情况下使用，以及外国厂商向我国进口销售农药，都须经过登记申请和许可。《放射性同位素与射线装置放射防护条例》及《民用核设施安全监督管理条例》中关于放射性同位素设施的建造、运行及放射性物质的使用、运输和保管。《猎枪、弹药管理办法》中关于猎枪、弹药的制造、销售和持有，《渔业法》和《渔业法实施细则》中关于从事渔业活动等，都要经过申请、登记和批准。《文物保护法》中，关于文物出口或个人携带文物出境，必须向海关申请并经有关部门鉴定，签发许可证后才能出境。此外，在《森林法》《矿产资源法》中，对于森林采伐，矿产资源的勘探、开发也都实行了许可证制度。《固体废物污染环境防治法》中，关于从事危险废物的收集、贮存、处置等经营活动的单位，要经批准领取许可证，方能经营，省级间转移废物、用作原料需要进口的废物也要经审查许可。特别是 2004 年 7 月 1 日开始施行的《行政许可法》，也是规范我国环境许可制度的重要法律依据。

根据所颁发许可证和执照的内容，我国环境行政许可制度大致可分为三类：第一类是防止环境污染的行政许可，包括污染物许可和放射性物质许可，这是我国最重要的环境行政许可。比如，颁发排污许可证，海洋倾废许可证，国家限制进口的可用作原料的废物进口审查，固体废物跨省转移许可，危险废物经营许可证核发，消耗臭氧层物质生产和进出口许可证核发，危险化学品进口环境管理登记。以及民用核设施厂址选择审批，放射源、进口装有放射性同位素仪表登记备案，放射性固体废物贮存、处置许可证核发，民用核设施建造、装料、运行、退役审批，放射性污染监测机构和防治专业人员资格证书核发，核技术利用单位辐射安全许可证核发，民用核设施操纵人员执照核发，民用核材料许可证核发，在水体进行放射性实验的批准等。

第二类是防止环境破坏的行政许可，如颁发林木采伐许可证、采矿许可证、渔业捕捞许可证、取水许可证、野生动物特许猎捕证、狩猎证、驯养繁殖许可证等。

第三类是针对整体环境保护的行政许可，如建设项目环境影响评价许可、环保设施许可、自然保护区许可。包括：建设项目环境影响报告书（表）、环境影响登记表的审批，建设项目重大变化环境影响报告书（表）、登记表重新审核，建设项目环境影响评价单位资格审查；建设项目环境保护设施验收，含核设施、核技术应用、铀钍矿和伴生矿的放射性污染防治设施验收及防治污染设施的拆除或闲置批准；因教学科研进入自然保护区缓冲区的审批，进入自然保护区实验区开展参观、旅游的审批等。

二、环境行政许可的设定和实施

（一）环境行政许可的设定

1. 环境行政许可的设定原则

《行政许可法》第11条规定："设定行政许可，应当遵循经济和社会发展规律，有利于发挥公民、法人或者其他组织的积极性、主动性，维护公共利益和社会秩序，促进经济、社会和生态环境协调发展。"可见，经济、社会和生态环境协调发展是行政许可设定应遵循的原则之一，因此也是设定环境行政许可的重要原则。

2. 环境行政许可的设定权分配

环境行政许可的设定权分配是指各种法律渊源形式在设定环境行政许可上的权力配置。根据《立法法》和《行政许可法》，法律可以设定环境行政许可；对于尚未制定法律的，行政法规可以设定环境行政许可。国务院决定、地方性法规以及地方政府规章则不能在《行政许可法》第12条规定的五类事项范围以外设定任何环境行政许可。地方性法规和省、自治区、直辖市人民政府规章，不得设定应当由国家统一确定的公民、法人或者其他组织的资格、资质的行政许可；不得设定企业或者其他组织的设立登记及其前置性行政许可；其设定的行政许可，不得限制其他地区的个人或者企业到本地区从事生产经营和提供服务，不得限制其他地区的商品进入本地区市场。行政法规可以在法律设定的行政许可事项范围内，对实施该行政许可作出具体规定。地方性法规可以在法律、行政法规设定的行政许可事项范围内，对实施该行政许可作出具体规定。规章可以在上位法设定的行政许可事项范围内，对实施该行政许可作出具体规定；法规、规章对实施上位法设定的行政许可作出的具体规定，不得增设行政许可；对行政许可条件作出的具体规定，不得增设违反上位法的其他条件。除法定特殊情况，其他规范性文件一律不得设定行政许可。

（二）环境行政许可的实施

1. 环境行政许可的实施主体

环境行政许可的实施主体，即环境行政许可的实施机关，是指行使环境行政许可权并承担责任的环境行政机关和法律、法规授权的组织。根据《行政许可法》和我国环境法律、行政法规的规定，我国环境行政许可的实施机关有以下三种。

（1）环境行政许可的职权实施主体。环境行政许可的职权实施主体为具有环境行政许可权的行政机关。由于我国环境保护实行的是统一监督管理与分工负责相结合的行政管理体制，地方各级政府对本辖区的环境质量负责，国家和地方各级环境保护行政主管部门对全国和辖区的环保工作实施统一监督管理；海洋行政主管部门、港务监督、渔政渔港监督、军队环保部门和各级公安、交通、铁路、民航管理部门，依法对相关环境污染防治实施监督管理；县级以上人民政府的土地、矿产、林业、农业、水利行政管理部门，依法对资源保护实施监督管理。因此，具有环境行政许可权的行政机关大体可分为以下四种，即各级环保部门、依法对相关方面环境污染防治实施监督管理的部门、对资源保护实施监督管理的部门和地方各级人民政府。

（2）环境行政许可的授权实施主体。环境行政许可的授权实施主体为法律、法规授权的具有环境管理职能的组织，如中国环境保护产业协会、全国石油和化学工业协会、全国煤炭工业协会，这些全国性行业协会被国家授权具有部分或协助政府管理本行业的职能，行使诸如建设项目环境影响评价的预审职能，这些组织也构成建设项目环境影响评价行政许可的实施机关。

（3）环境行政许可的委托实施主体。环境行政许可的委托实施主体为受具有环境行政许可权的行政机关委托的其他机关。根据《国务院对确需保留的行政审批项目设定行政许可的决定》，国务院予以保留并设定为环境行政许可的项目，共计7项。环境保护设施专门运营单位资质认定，加工利用国家限制进口、可用作原料的废电器定点企业认定，民用核承压设备设计制造安装许可证核发，新化学物质环境管理登记证核发，危险废物越境转移核准，民用核承压设备焊接和无损检验人员资格证书核发，危险化学品出口环境管理登记证核发。

2. 环境行政许可的实施程序

（1）申请与受理。申请即由申请人向有关主管机关提出书面申请，并附有为审查所必需的各种材料。行政机关在受理环境行政许可申请时应该做到履行公示义务、做好有关解释说明工作、不得要求提供无关材料、应规范受理申请。

（2）审查与决定。环境主管机关可在报刊上公布受理的申请，并征求各方面的意见，根据有关规定对申请进行审查。主管机关经审查后作出颁布或拒发许可证的决定，同意发证的，应告知持证人的义务和限制条件；拒发证时，应说明拒发的理由。

（3）听证。听证制度有利于规范环境保护行政许可活动，保障和监督环境保护行政主管部门依法行政，提高环境保护行政许可的科学性、公正性、合理性和民主性，保护公民、法人和其他组织的合法权益，因此听证是环境行政许可的重要程序。《行政许可法》《环境影响评价法》等有关法律、法规对此都有规定，2004年7月1日开始实施的《环境保护行政许可听证暂行办法》进一步对听证的适用原则、适用范围、听证主持人和听证参加人、听证程序、罚则等作了专门而详细的规定，不仅使环境保护行政许可听证有法可依，而且极大地提高了实践中的可操作性。

（4）监督检查与处理。环境行政许可的监督主要包括行政机关内部的层级监督和行政机关对被许可人的监督两种。《行政许可法》第 60 条规定："上级行政机关应当加强对下级行政机关实施行政许可的监督检查，及时纠正行政许可实施中的违法行为。"环境行政机关对被许可人的监督检查原则上应采用书面检查方式，可要求持证人提供有关资料，现场检查设备，监测排污情况，发布行政命令等。在情况发生变化或持证人的活动影响周围公众利益时，可以修改许可证中原来规定的条件。如果被许可人违反许可证规定的义务或限制条件时，主管机关可以中止、吊销许可证，并对违法者追究法律责任。

（三）环境行政许可的法律责任

《行政许可法》第 4 条规定："设定和实施环境许可应当依照法定的权限、范围、条件和程序。"行政机关违法行使环境许可权，应当承担相应的行政法律责任，构成犯罪的，应当依据《刑法》承担法律责任。2005 年的《环境保护违法违纪行为处分暂行规定》对国家行政机关及其工作人员、企业中由国家行政机关任命的人员有环境保护违法违纪行为应当给予处分的作出了规定。

对环境许可的申请人及其被许可人的法律责任，《行政许可法》规定了两个幅度，程度轻者予以行政处罚或者限制申请资格，较重者追究其刑事责任。2014 年《环境保护法》第 45 条专门规定了排污许可管理制度："国家依照法律规定实行排污许可管理制度。实行排污许可管理的企业事业单位和其他生产经营者应当按照排污许可证的要求排放污染物；未取得排污许可证的，不得排放污染物。"

第三节　清洁生产制度

一、清洁生产制度概述

（一）清洁生产制度的概念

清洁生产（cleaner production）是我国污染预防的一项重要制度。新常态下，我国作出了推动绿色、循环、低碳发展，建设生态文明和美丽中国的重大战略部署，对清洁生产工作提出了新的挑战。

目前国际公认的清洁生产定义是，"清洁生产是一种新的、创造性的思维方式，这种思维方式将整体预防的环境战略持续运用于生产过程、产品和服务中，以增加生态效益和减少人类及环境的风险。对生产过程，要求节约原材料和能源，淘汰有毒原材料，减降所有废物的数量和毒性；对产品，要求减少从原材料提炼到产品最终处置的全生命周期的不利影响；对服务，要求将环境因素纳入设计和所提供的服务中"。

《中华人民共和国清洁生产促进法》（以下简称《清洁生产促进法》）

第 2 条规定："本法所称清洁生产，是指不断采取改进设计、使用清洁的能源和原料、采用先进的工艺技术与设备、改善管理、综合利用等措施，从源头削减污染，提高资源利用效率，减少或者避免生产、服务和产品使用过程中污染物的产生和排放，以减轻或者消除对人类健康和环境的危害。"

清洁生产是 20 世纪 80 年代后期发展起来的一种新的保护环境的战略措施。其将预防为主的环境策略持续地应用于生产过程和产品中，以减少对人类和环境的危害。清洁生产要求把污染物消除在其产生之前，将污染预防上溯到源头、扩展到生产过程及消费环节，彻底改变过去被动、滞后的污染控制策略。清洁生产已成为世界各国实施可持续发展战略的重要措施。

清洁生产作为一种全新的生产模式，在技术层面上不仅是运用了相关的理论体系，在生产的整个流程中更是在每一个部分均运用适当并且合理的"预防"的方式，充分联系生产技能、生产流程、销售运营和产品经营、物流、能量以及信息等几个重要的因素，使生产的整个流程更加科学高效。这样一来就能够实现最小化地影响环境、最少限度地使用能源、资源。

清洁生产的理念着重强调三个方面的内容，即清洁的能源、清洁的生产过程以及清洁的产品。清洁的能源是指采用各种方法对常规的能源采取清洁利用的方法，利用再生能源，开发新能源等。清洁的生产过程是指将清洁生产的理念贯穿于从原材料投入到产出成品的全过程，包括节约原材料和能源，替代有毒原材料，改进工艺技术和设备，并将排放物和废物的数量与毒性削减在离开生产过程之前；清洁的产品是指产品从设计、生产、包装、运输、流通、消费到报废等，都应考虑节约原材料和能源，少用稀有原料，产品从制造到使用都应不危害人体健康和生态环境，易于回收利用，减少不必要的功能，强调使用寿命等。清洁生产起初适用于生产过程和产品，以后又扩大至服务。

（二）清洁生产的特点

清洁生产具有预防性、综合性、统一性、持续性四个特点。

一是预防性。传统的末端治理与生产过程相脱节，即"先污染，后治理"；清洁生产从源头抓起，实行生产全过程控制，尽最大可能减少乃至消除污染物的产生，其实质是预防污染。

二是综合性。实施清洁生产的措施其实是综合性的预防措施，包括结构调整、技术进步和完善管理。

三是统一性。传统的末端治理投入多，治理难度大，运行成本高，而且经济效益与环境效益不能有机结合；清洁生产能最大限度地利用资源，将污染物消除在生产过程中，不仅从根本上改善环境状况，而且能源、原材料和生产成本降低，经济效益提高，竞争力增强，能够实现经济效益与环境效益的统一。

四是持续性。清洁生产是个相对的概念，是个持续不断的过程，没有终极目标。随着技术和管理水平的不断创新，清洁生产应该有更高的目标。

二、清洁生产制度的形成与发展

（一）国外清洁生产制度的形成

自清洁生产概念于 1989 年由联合国环境规划署巴黎产业与环境办公室提出以来，清洁生产逐步成为世界上大多数国家预防工业污染的环境战略。1992 年，里约联合国环境与发展大会将清洁生产列为实现可持续发展的关键因素之一。自此清洁生产在全球范围内得到推广。

美国"清洁生产"又被称为"废物最小量化"或"污染预防"。1984 年，美国国会通过的《资源保护与回收法——固体及有害废物修正案》中提出"废物最小量化"，要求通过源头消减和再循环两个途径实现。

荷兰和丹麦吸收了美国的污染预防法经验，采用美国出版的手册和培训教材，邀请美国的清洁生产专家指导本国的清洁生产工作。在政策法规的制定方面，吸取了美国污染预防的思想，同时结合本国实际，走出了一条与自己国家的文化传统、经济社会和政治运行手段相适应的道路。

德国和日本的环境立法将清洁生产建立在更为广泛的社会经济基础之上。德国《物质循环和废物处置法》是发展循环经济促进清洁生产的最具代表性的法律，德国关于发展实施清洁生产的主要的法律法规包括：《关于提高建筑物隔热性能的法令》（1974 年）、《建筑物节约能源法》（1976 年）、《包装物废弃物处理法》（1991 年）、《可再生能源法》（2000 年）、《能源节约法》（2002 年）等。

（一）我国清洁生产制度的形成、发展

1.我国清洁生产专项立法历程

20 世纪 80 年代，中国政府确定环境保护是一项基本国策，并提出"预防为主，防治结合"等一系列环境保护原则，制定和修改《环境保护法》，确定新建工业企业和现有工业企业的技术改造，应当采用资源利用率高、污染物排放量少的设备和工艺，采用经济合理的废弃物综合利用技术和污染物处理技术。这个规定已经体现了清洁生产的思想。在第一次全国工业污染防治会议、第二次全国环境保护会议上，也明确了经济、社会、环境"三统一"方针，工业污染防治中的一些预防思路也体现了清洁生产的思想。但是，由于缺乏完整的法律、制度和操作等细则，清洁生产没有成为解决环境与发展的对策。

1992 年联合国环境发展会议正式提出清洁生产，中国积极响应，在之后的环境与发展纲领性文件《环境与发展十大对策》中，明确提出"新建、扩建、改建项目，技术起点要高，尽量采用能耗物耗小、污染物排放量少的清洁工艺"。将清洁生产理念融入其中。1992 年，北京市环保局先后在世界银行中国环境技术援助项目及中国、挪威清洁生产等合作项目中，组织对北京 26 个企业 30 个车间实施清洁生产的推广示范工作。1994 年结合国情发布的《中国 21 世纪议程》明确提出转变大量消耗资源能源、粗放经营的传统生产发展模式，调整单纯末端治理的环境污染体系，推行清洁生产的要求。

1995 年 10 月全国人大常委会通过的《中华人民共和国固体废物污染环境防治法》、1996 年全国人大常委会修订的《中华人民共和国水污染防治法》、1997 年制定的《中华人民共和国节约能源法》、1999 年 5 月修订的《海洋环境保护法》、2000 年修订的《大气污染防治法》等均对清洁生产作出了规定。在此期间，1997 年原国家环保总局制定了《关于推行清洁生产的若干意见》，为清洁生产深入开展起到了积极的推动作用。

1999 年 11 月 30 日山西省颁布《太原市清洁生产条例》，是中国第一个清洁生产法规，该条例以立法形式代表了中国将清洁生产政策研究转化为政策行动的实质性进展。之后，我国上海、武汉等也都制定了各自的清洁生产实施方案。这些方案的制定，为其城市清洁生产的推行、环境的改善提供了有力的保障。

2000 年国家经贸委组织编制了《国家重点行业清洁生产技术导向目录》（第一批），涉及冶金、石化、化工、轻工和纺织 5 个重点行业，共 57 项清洁生产技术。

2002 年 6 月，中国第一部清洁生产专门立法《清洁生产促进法》通过，为推动清洁生产提供了法律保障。2003 年原国家环保总局发布了关于贯彻落实《清洁生产促进法》的若干意见，提出实施清洁生产是预防污染、保护环境的有效途径，是实施可持续发展战略的必然选择。之后原国家环保总局、国家发改委等先后颁布《关于贯彻落实清洁生产促

进法的若干意见》《关于加快推行清洁生产的意见》《清洁生产审核暂行办法》《重点企业清洁生产审核程序的规定》等配套规章及规范性文件，有效规范与指导中国清洁生产工作，对中国的清洁生产起到极大的促进作用，但在实践过程中也凸显出一些亟待解决的问题。2003—2009年底，在重点行业中开展了第一轮清洁生产审核工作。据有关部门统计，其间开展清洁生产审核的工业企业仅占全国总量的0.15%。即使在清洁生产工作开展较好的地区，企业完成自愿性清洁生产审核的数量也仅占规模以上企业的10%左右。一方面，政府推行清洁生产工作力度不够；另一方面企业领导者过于强调生产和效益，不愿对清洁生产耗费时间和财力，并不重视清洁生产审核。一些企业认为审核主要是咨询服务机构的事务，不主动配合，使清洁生产效果不明显。还有一些企业担心清洁生产审核会暴露企业的问题，不愿积极配合。这些原因导致我国清洁生产发展缓慢、水平较低。

2010年，全国人大常委会开展了清洁生产促进法执法检查，改变《清洁生产促进法》中对清洁生产"鼓励和促进"的定位，把清洁生产作为实现污染预防和节能减排的主要手段和途径。执法检查推动法律修改，2012年2月，第十一届全国人大常委会第二十五次会议通过了关于修改《清洁生产促进法》的决定，颁布10年，《清洁生产促进法》迎来首次修改，毫无疑问，修改后的法律将在今后的经济生活，转变经济发展方式中发挥更大的作用。为配合清洁生产的深入实施，国家先后颁布了50余个行业的清洁生产标准和近10个行业的清洁生产评价指标体系，系统、规范的清洁生产技术支撑文件体系基本建立。后续颁布或者修订的环境保护法律如《固体废物污染环境防治法》等均提出了清洁生产的要求，为实施污染预防战略和开展清洁生产提供了坚实的法律基础。其中，尤为重要的是2014年修订的《环境保护法》，确立了清洁生产的国家战略。

2. 我国环境污染防治法中的清洁生产制度内容

在《清洁生产促进法》颁布之前，我国在环境污染防治法中有关于清洁生产制度的内容。我国的环境污染防治法中所规定的清洁生产制度，包括推广少污染的煤炭开采技术和清洁煤技术，采用清洁生产工艺和对落后工艺和落后设备实行淘汰制度，发布落后生产工艺和落后设备名录制度等方面的内容。

1982年制定，1999年修订的《海洋环境保护法》第13条规定："国家加强防治海洋环境污染损害的科学技术的研究和开发，对严重污染海洋环境的落后生产工艺和落后设备，实行淘汰制度。企业应当优先使用清洁能源，采用资源利用率高、污染物排放量少的清洁生产工艺，防止对海洋环境的污染。"

1984年制定，1996年修正的《水污染防治法》第42条规定："国家禁止新建不符合国家产业政策的小型造纸、制革、印染、染料、炼焦、炼硫、炼砷、炼汞、炼油、电镀、农药、石棉、水泥、玻璃、钢铁、火电以及其他严重污染的生产项目。"

第43条规定："企业应当采取原材料利用效率高、污染物排放量少的清洁工艺，并加强管理，减少水污染物的产生。"

1987年制定，2000年修订的《大气污染防治法》第25条规定："国务院有关部门和地方各级人民政府应当采取措施，改进城市能源结构，推广清洁能源的生产和使用。"第24条规定："国家推行煤炭洗选加工，降低煤的硫份和灰份，限制高硫份、高灰份煤炭的开采。新建的所采煤炭属于高硫份、高灰份的煤矿，必须建设配套的煤炭洗选设施，使煤炭中的含硫份、含灰份达到规定的标准。对已建成的所采煤炭属于高硫份、高灰份的煤矿，应当按照国务院批准的规划，限期建成配套的煤炭洗选设施。禁止开采含放射性和砷等有毒有害物质超过规定标准的煤炭。"第26条规定："国家采取有利于煤炭清洁利用的经济、技术政策和措施，鼓励和支持使用低硫份、低灰份的优质煤炭，鼓励和支持洁净煤技术的开发和推广。"

1995年制定的《固体废物污染环境防治法》第4条规定："国家鼓励、支持开展清洁生产，减少固体废物的产生量。国家鼓励、支持综合利用资源，对固体废物实行充分回收和合理利用，并采取有利于固体废物综合利用活动的经济、技术政策和措施。"第27条规定："国务院经济综合主管部门应当会同国务院有关部门组织研究、开发和推广减少工业固体废物产生量的生产工艺和设备，公布限期淘汰产生严重污染环境的工业固体废物的落后生产工艺、落后设备的名录。"第30条规定："企业事业单位应当合理选择和利用原材料、能源和其他资源，采用先进的生产工艺和设备，减少工业固体废物产生量。"

1996年制定，1997年起施行的《中华人民共和国环境噪声污染防治法》第18条规定："国家对环境噪声污染严重的落后设备实行淘汰制度。国务院经济综合主管部门应当会同国务院有关部门公布限期禁止生产、禁止销售、禁止进口的环境噪声污染严重的设备名录。"

此外，1997年制定的《中华人民共和国节约能源法》中也有关于清洁生产制度的内容。该法第4条规定："节能是国家发展经济的一项长远战略方针。国务院和省、自治区、直辖市人民政府应当加强节能工作，合理调整产业结构、企业结构、产品结构和能源消费结构，推进节能技术进步，降低单位产值能耗和单位产品能耗，改善能源的开发、加工转换、输送和供应，逐步提高能源利用效率，促进国民经济向节能型发展。国家鼓励开发、利用新能源和可再生能源。"第17条规定："国家对落后的耗能过高的用能产品、设备实行淘汰制度。"第33条规定："国家组织实施重大节能科研项目、节能示范工程，提出节能推广项目，引导企业事业单位和个人采用先进的节能工艺、技术、设备和材料。"第

40 条规定：“各行业应当制定行业节能技术政策，发展、推广节能新技术、新工艺、新设备和新材料，限制或者淘汰能耗高的老旧技术、工艺、设备和材料。”

三、我国清洁生产法的主要内容

（一）清洁生产的推行

为推行清洁生产，《清洁生产促进法》规定了一系列的政策、办法和措施。

1. 清洁生产推行政策

推行清洁生产的政策包括财政税收政策、产业政策、技术开发政策和推广政策。《清洁生产促进法》第 7 条规定：“国务院应当制定有利于实施清洁生产的财政税收政策。国务院及其有关部门和省、自治区、直辖市人民政府，应当制定有利于实施清洁生产的产业政策、技术开发和推广政策。”

2. 清洁生产推行规划

国家应编制清洁生产推行规划，各行业应制定专项清洁生产推行规划，县级以上地方人民政府应制定本地区的推行清洁生产实施规划。《清洁生产促进法》第 8 条规定：“国务院清洁生产综合协调部门会同国务院环境保护、工业、科学技术部门和其他有关部门，根据国民经济和社会发展规划及国家节约资源、降低能源消耗、减少重点污染物排放的要求，编制国家清洁生产推行规划，报经国务院批准后及时公布。国家清洁生产推行规划应当包括：推行清洁生产的目标、主要任务和保障措施，按照资源能源消耗、污染物排放水平确定开展清洁生产的重点领域、重点行业和重点工程。国务院有关行业主管部门根据国家清洁生产推行规划确定本行业清洁生产的重点项目，制定行业专项清洁生产推行规划并组织实施。县级以上地方人民政府根据国家清洁生产推行规划、有关行业专项清洁生产推行规划，按照本地区节约资源、降低能源消耗、减少重点污染物排放的要求，确定本地区清洁生产的重点项目，制定推行清洁生产的实施规划并组织落实。”

3. 提供清洁生产的信息和服务

政府应向社会提供有关清洁生产的信息和服务，定期发布清洁生产技术、工艺、设备和产品导向目录和编制重点行业或者地区的清洁生产指南，对落后的生产技术、工艺、设备和产品实行限期淘汰制度，制定并发布其名录。《清洁生产促进法》第 10 条规定：“国务院和省、自治区、直辖市人民政府的有关部门，应当组织和支持建立促进清洁生产信息系统和技术咨询服务体系，向社会提供有关清洁生产方法和技术、可再生利用的废物供求以及清洁生产政策等方面的信息和服务。"《清洁生产促进法》第11条规定："国务院清洁生产综合协调部门会同国务院环境保护、工业、科学技术、建设、农业等有关部门定期发布清洁生产技术、工艺、设备和产品导向目录。国务院清洁生产综合协调部门、环境保护部门和省、自治区、直辖市人民政府负责清洁生产综合协调的部门、环境保护部门会同同级有关部门，组织编制重点行业或者地区的清洁生产指南，指导实施清洁生产。"《清洁生产促进法》第12条规定："国家对浪费资源和严重污染环境的落后生产技术、工艺、设备和产品实行限期淘汰制度。国务院有关部门按照职责分工，制定并发布限期淘汰的生产技术、工艺、设备以及产品的名录。"

4. 设立环保产品标志

设立环境与资源保护方面的产品标志，指导和支持清洁生产技术和有利于环境与资源保护的产品的研究、开发以及清洁生产技术的示范和推广工作。《清洁生产促进法》第13条规定："国务院有关部门可以根据需要批准设立节能、节水、废物再生利用等环境与资源保护方面的产品标志，并按照国家规定制定相应标准。"《清洁生产促进法》第14条规定："县级以上人民政府科学技术部门和其他有关部门，应当指导和支持清洁生产技术和有利于环境与资源保护的产品的研究、开发以及清洁生产技术的示范和推广工作。"

5. 开展宣传和培训

组织开展清洁生产的宣传和培训。政府优先采购有利于环境与资源保护的产品，鼓励公众购买和使用有利于环境与资源保护的产品。在本地区主要媒体上公布未达到能源消耗控制指标、重点污染物排放控制指标的企业的名单，接受公众监督。《清洁生产促进法》第15条规定："国务院教育部门，应当将清洁生产技术和管理课程纳入有关高等教育、职业教育和技术培训体系。县级以上人民政府有关部门组织开展清洁生产的宣传和培训，提高国家工作人员、企业经营管理者和公众的清洁生产意识，培养清洁生产管理和技术人员。新闻出版、广播影视、文化等单位和有关社会团体，应当发挥各自优势做好清洁生产宣传工作。"《清洁生产促进法》第16条规定："各级人民政府应当优先采购节能、节水、废物再生利用等有利于环境与资源保护的产品。各级人民政府应当通过宣传、教育等措施，鼓励公众购买和使用节能、节水、废物再生利用等有利于环境与资源保护的产品。"《清洁生产促进法》第17条规定："省、自治区、直辖市人民政府负责清洁生产综合协调的部门、环境保护部门，根据促进清洁生产工作的需要，在本地区主要媒体上公布未达到能源消耗控制指标、重点污染物排放控制指标的企业的名单，为公众监督企业实施清洁生产提供依据。列入前款规定名单的企业，应当按照国务院清洁生产综合协调部门、环境保护部门的规定公布能源消耗或者重点污染物产生、排放情况，接受公众监督。"

6. 鼓励措施

为推行清洁生产，《清洁生产促进法》规定了一系列的鼓励措施，如表彰奖励、资金支持、税收优惠、审核和培训费用，可以列入企业经营成本等。《清洁生产促进法》第30条规定："国家建立清洁生产表彰奖励制度。对在清洁生产工作中做出显著成绩的单位和个人，由人民政府给予表彰和奖励。"第31条规定："对从事清洁生产研究、示范和培训，实施国家清洁生产重点技术改造项目和本法第二十八条规定的自愿节约资源、削减污染物排放量协议中载明的技术改造项目，由县级以上人民政府给予资金支持。"第32条规定："在依照国家规定设立的中小企业发展基金中，应当根据需要安排适当数额用于支持中小企业实施清洁生产。"第33条规定："依法利用废物和从废物中回收原料生产产品的，按照国家规定享受税收优惠。"同时第34条规定："企业用于清洁生产审核和培训的费用，可以列入企业经营成本。"

（二）清洁生产的实施

清洁生产的实施不仅涉及各行各业，而且涉及建设项目的原料使用、资源消耗和综合利用以及污染物的处置等各个方面，相关生产单位应该按照《清洁生产促进法》第三章第18—29条的规定实施清洁生产。

1. 进行环境影响评价

第18条规定："新建、改建和扩建项目应当进行环境影响评价，对原料使用、资源消耗、资源综合利用以及污染物产生与处置等进行分析论证，优先采用资源利用率高以及污染物产生量少的清洁生产技术、工艺和设备。"

2. 采取清洁生产措施

第19条规定："企业在进行技术改造过程中，应当采取以下清洁生产措施：（一），采用无毒、无害或者低毒、低害的原料，替代毒性大、危害严重的原料；（二），采用资源利用率高、污染物产生量少的工艺和设备，替代资源利用率低、污染物产生量多的工艺和设备；（三），对生产过程中产生的废物、废水和余热等进行综合利用或者循环使用；（四），采用能够达到国家或者地方规定的污染物排放标准和污染物排放总量控制指标的污染防治技术。"

3. 使用合理的产品包装等

第20条规定："产品和包装物的设计，应当考虑其在生命周期中对人类健康和环境的影响，优先选择无毒、无害、易于降解或者便于回收利用的方案。企业对产品的包装应当合理，包装的材质、结构和成本应当与内装产品的质量、规格和成本相适应，减少包装性废物的产生，不得进行过度包装。"

第 21 条规定："生产大型机电设备、机动运输工具以及国务院工业部门指定的其他产品的企业，应当按照国务院标准化部门或者其授权机构制定的技术规范，在产品的主体构件上注明材料成分的标准牌号。"

第 22 条规定："农业生产者应当科学地使用化肥、农药、农用薄膜和饲料添加剂，改进种植和养殖技术，实现农产品的优质、无害和农业生产废物的资源化，防止农业环境污染。禁止将有毒、有害废物用作肥料或者用于造田。"

第 23 条规定："餐饮、娱乐、宾馆等服务性企业，应当采用节能、节水和其他有利于环境保护的技术和设备，减少使用或者不使用浪费资源、污染环境的消费品。"

第 24 条规定："建筑工程应当采用节能、节水等有利于环境与资源保护的建筑设计方案、建筑和装修材料、建筑构配件及设备。建筑和装修材料必须符合国家标准。禁止生产、销售和使用有毒、有害物质超过国家标准的建筑和装修材料。"

第 25 条规定："矿产资源的勘查、开采，应当采用有利于合理利用资源、保护环境和防止污染的勘查、开采方法和工艺技术，提高资源利用水平。"

第 26 条规定："企业应当在经济技术可行的条件下对生产和服务过程中产生的废物、余热等自行回收利用或者转让给有条件的其他企业和个人利用。"

4. 对生产和服务进行监测、审核

为有效预防污染，根据《清洁生产促进法》第 27 条规定："企业应当对生产和服务过程中的资源消耗以及废物的产生情况进行监测，并根据需要对生产和服务实施清洁生产审核。有下列情形之一的企业，应当实施强制性清洁生产审核：（一）污染物排放超过国家或者地方规定的排放标准，或者虽未超过国家或者地方规定的排放标准，但超过重点污染物排放总量控制指标的；（二）超过单位产品能源消耗限额标准构成高耗能的；（三）使用有毒、有害原料进行生产或者在生产中排放有毒、有害物质的。污染物排放超过国家或者地方规定的排放标准的企业，应当按照环境保护相关法律的规定治理。实施强制性清洁生产审核的企业，应当将审核结果向所在地县级以上地方人民政府负责清洁生产综合协调的部门、环境保护部门报告，并在本地区主要媒体上公布，接受公众监督，但涉及商业秘密的除外。县级以上地方人民政府有关部门应当对企业实施强制性清洁生产审核的情况进行监督，必要时可以组织对企业实施清洁生产的效果进行评估验收，所需费用纳入同级政府预算。承担评估验收工作的部门或者单位不得向被评估验收企业收取费用。"

（三）违反清洁生产制度的法律责任

《清洁生产促进法》第五章第 35—39 条规定了违反清洁生产制度的法律责任。

1. 未依法履行职责的责任

第 35 条规定："清洁生产综合协调部门或者其他有关部门未依照本法规定履行职责的，对直接负责的主管人员和其他直接责任人员依法给予处分。"

2. 企业的违法责任

第 36 条规定："违反本法第十七条第二款规定，未按照规定公布能源消耗或者重点污染物产生、排放情况的，由县级以上地方人民政府负责清洁生产综合协调的部门、环境保护部门按照职责分工责令公布，可以处十万元以下的罚款。"

第 37 条规定："违反本法第二十一条规定，未标注产品材料的成分或者不如实标注的，由县级以上地方人民政府质量技术监督部门责令限期改正；拒不改正的，处以五万元以下的罚款。"

第 38 条规定："违反本法第二十四条第二款规定，生产、销售有毒、有害物质超过国家标准的建筑和装修材料的，依照产品质量法和有关民事、刑事法律的规定，追究行政、民事、刑事法律责任。"

第 39 条第 1 款规定："违反本法第二十七条第二款、第四款规定，不实施强制性清洁生产审核或者在清洁生产审核中弄虚作假的，或者实施强制性清洁生产审核的企业不报告或者不如实报告审核结果的，由县级以上地方人民政府负责清洁生产综合协调的部门、环境保护部门按照职责分工责令限期改正；拒不改正的，处以五万元以上五十万元以下的罚款。"

3. 违法评估验收的责任

第 39 条第 2 款规定："违反本法第二十七条第五款规定，承担评估验收工作的部门或者单位及其工作人员向被评估验收企业收取费用的，不如实评估验收或者在评估验收中弄虚作假的，或者利用职务上的便利谋取利益的，对直接负责的主管人员和其他直接责任人员依法给予处分；构成犯罪的，依法追究刑事责任。"

第七章

环境法律制度的构建与更新

第一节　环境保护公众参与法律制度的完善

一、公众参与：政府行政民主化的必然路径选择

现代民主行政语境下的公众参与，是指政府及其机构之外的个人或社会组织，通过一系列正式或非正式的途径，直接参与政府公共决策的制定和执行过程，从而影响公共决策，维护公共利益的行为。现代民主行政最重要的体现方式之一就是公众参与制度，其能够在一定程度上提高行政决策的公正性与科学性，有助于加快民主政治发展的步伐。

（一）主流民主理论对公众参与政府行政的基本观点

现代行政是民主行政，其真正的基础是民主宪政，注重在推行社会政策的过程中维护人民权利、公民权利，尊重公众的人格尊严，维护整体社会的公平及正义，承担政府应该承担的社会责任等等，并且对行政过程中引入公众参与这一做法十分推崇。当前社会发展的整体环境是较为民主的政治环境，根据一方观点来作出最终决策并非明智的做法，因为这样做显然有悖于民主原则，没有让行政相对人自由发表观点与看法，使其认为自身的权利受到侵害，最终可能导致行政相对人不支持或公开反对政府所作出的行政决策。

主流民主理论认为，民主行政的基本原则是多方通过合作来共同完成并作出行政决策，行政权的运行要以参与为基础。在现代西方影响较为广泛的政治思潮中，基本上都包含与公众参与相关的一般性理论分析。亨廷顿在研究政治发展的过程及其影响政治发展的相关因素时，将公众参与看成左右政治形势的关键因素，与此同时还将公众参与设置为判断该社会政治现代化程度高低的一种标准。多元民主论核心学者罗伯特·达尔在阐述何为真正的民主时，提出了民主的五个衡量标准，其中"有效地参与"被排在这五个标准中的第一个。由此可见，公众对形成决策的参与程度在很大程度上反映着现代民主理论的发展情况。除此之外，社会契约论主张，社会公约赋予政治共同体及其成员以绝对的权力，不过当这种权力顺应公众的意愿时才可以被称为主权，主权的所有行为一定要能够真正反映出"公意"。现代民主通过扩大公民直接参与、分散权力中心，旨在达到控制公共权力、维护公共利益的目的。

（二）公众参与政府事务的实践与发展趋势

20 世纪 70 年代末开始，西方部分国家及地区一致地开展政府治道变革，他们推进这一目标时制定了形式各异的政策及措施，然而这些政策及措施归根结底是为了相同的目的，也就是重新定位政府职能，将政府的职能由最初的"划桨"变革为未来的"掌舵"。政府的传统职能基本上以管理为主，随着时代的发展，当前社会对政府的职能需求逐渐向服务过渡，因此政府也要逐步将发展重点放在其服务职能上，以此来达到公共权力更加地公平，更加地追求公共利益最大化。对政府与市场的位置及关系进行重新考虑，认识到市场的真正价值，逐步缩小政府的规模。对政府和社会公众的角色进行重新定位，让公众参与到行政决策中来，将公共权力还给社会公众，和社会公众来共同治理社会，让公民拥有应有的政治权力，加大公民在公共事务管理决策中的参与度与话语权。将管理理论、方法及技术引入到政府部门，提升政府部门内部管理效率。

纵观全球多个国家及地区，在他们治道变革的过程中，将公众行政权下放给社会公众是明显的发展趋势。当然，政府仍然在公众事务中扮演着十分关键的角色，尤其在处理较为重大的关系，如社会秩序、公民权利、社会公平等时，整个社会事务的运行还是离不开政府的决策与执行。然而，与过去有所不同的是，公共管理权力的行使过程中，政府不再是唯一的角色，一些社会公众组织及个人开始承担一部分管理社会事务的职能。

在一定程度上说，将公共行政权下放给社会公众遏制了政府决策权力的不断扩大，推动了社会公共管理事务良性运作的进程。20 世纪 80 年代以来，西方一些国家及地区越来越重视让公众参与到政府行政决策中来。这些国家及地区在制定行政程序法的过程中，将规范性文件及行政计划中引入行政相对人的看法与观点，看作不可或缺的一项要求。美国法律中明确规定了这一要求，以此来推动政府决策越来越民主，政府工作效率越来越高效，并保证政府行政决策具有一定的科学性。尽管这些实践是以资产阶级的民主政治理论为根基的，但它在客观上为不同国体、政体的国家和地区公民参与行政决策提供了借鉴。

在我国，现行宪法明确规定："人民依照法律规定，通过各种途径和形式，管理国家事务，管理经济和文化事业，管理社会事务。"其中作出明确规定的公众参与具有广泛的内涵，既包括公众的政治参与，也包括公众在公共利益及公共事务等方面的参与。具体到行政决策制定时的公众参与，基本上都是对公共利益及公共事务的参与，即公民享有一定的权利能够对政府的行政决策的制定提出相关的意见或建议。最近几年，国内制定了重大决策公示、听证、议案制度，大力推进政务公开措施，增加与公众沟通的渠道，不断促使行政决策向着更加科学、更加民主的方向发展，不断提高公众在行政决策过程重的参与度。

二、环境保护公众参与的逻辑构成

（一）环境保护公众参与的含义

从广泛意义上讲，环境保护的公众参与，是指在环境保护领域，公众有权通过一定的途径参与一切与公众环境利益相关的活动。环境法视域所定义的公众参与，专家学者之间因为存在研究路径的不同，分别对其作出了不同的定义。

综合各种信息，我们在这里将环境保护公众参与定义为：公民和社会团体按照法定的程序和途径，平等地参与环境立法、环境决策、环境执法、环境司法等与其环境权益相关的一切活动。定义中所指代的参与主体包括社会中的一切团体和公民，参与范围是指环境立法、环境行政（包括行政决策和行政执法）、环境司法等不同阶段的环境法律实施活动。

纵观全球，当前环境保护公众参与已经在大部分国家及地区的环境法中得到了实施，我国环境法也借鉴了这一做法。仔细研究我国环境法理论不难发现，公众参与原则始终贯穿在环境法其中，举例来说，依靠群众、大家监督原则，等等。不过，原则从根本上说，不具备法律效力，只是对公民行为的一种指导。单纯的原则，离开了强制性的制度保障，在实践执行过程中肯定要打折扣。我国环境立法中关于公众参与的条文，大体来说是较为单一且零散的，不具备在实践过程中的约束与激励作用。所以，面对当前严峻的环境污染形势，我国要大力推进环境保护公众参与制度的完善，加强该原则在实践执行过程中的可操作性。

（二）法律制度环境保护公众参与的逻辑构成

历史经验表明，环境法应用到实践的过程中，仅仅依靠其强制性是远远不够的，究其根本，制裁是法律实施的外生变量，实际执行过程中很难起到有效的作用，充其量只是治标，而难以做到真正意义上的治本。以标本兼治为最终目标，需要我们在强制手段的保障下，做好加强公众及企业参与到环境法执行过程的工作，以此来培养环境法实施的内生变量，只有内在因素不断成长及稳定，才能推动环境法实施的不断优化与有效。

从法律条文这一意义上说，在环境法律从开始实施到最终结束的整个过程中，都要严格执行公众参与这一原则，以保证这一制度的顺利实施。因此，从这一方面来说，环境保护公众参与法律制度的应然逻辑构成，应当包括环境信息知情制度、环境立法参与制度、环境行政参与制度、环境司法参与制度，以及出于保障上述制度实施的程序保障制度等。

1．环境信息知情制度

公众有从法定机构、企业获得有关环境信息的权利，政府、企业有向公众提供环境信息的义务。公众环境知情权的实现和政府、企业环境信息公开的义务需要环境信息知情制度加以保障。公众才充分认识国家环保政策与保障措施的基础上，才会催生出实践环保的自身意识，因此，推进公众参与制度的第一步是信息知情。

从根本上说，环境信息系统主要涉及两点：一是确认公共环境信息的范围（或政府和企业环境信息公开）。通常情况下，环境信息的公共知识范围主要内容有：当前国家所制定的环境政策，专业环境机构的监管信息，例如，法律中关于环境保护的相关法律条文，等等；环境管理等相关专业机构的基本信息，例如，环境部分的系统分类，及各部门的主要责任与权力，与相关专业部门沟通要经过的必要程序，等等；当前生存环境具体状况，例如，气候状况、环境污染程度、环境质量是否达标、环境破坏程度、环境资源的开采与存储现状，等等；环境科学信息，一般包括与环境专业相关的科研数据信息及最新科研成果，等等；与生活息息相关的周边环境信息，如垃圾分类与处理、节约用水用电、绿色出行及绿色消费，等等。二是保证公众对相关环境信息的知情权。政府以及企业要遵守相关规定要求向公众及时披露环境信息，若公众知情权受到侵害，可以通过一定的渠道进行申诉。

2．环境立法参与制度

环境立法参与就是在环境法律、行政法规和规章的制定过程中，公众根据法律的规定，以自愿的方式，通过各种途径发表意见，影响政府的环境立法决策的活动。政府制定法律，其中体现的是反映与集中民意的结果，环境立法这一过程是科学与专业化的运作过程，不过即使这样也要积极将公众引入到立法过程中来。只有社会公众充分参与进来，才能保证法律的普及性及可行性，否则再科学与专业的法律，无法取得公众的理解也难以推广与运行。

公众参与到环境立法的过程中来可以通过下面两种方法。第一是公众通过选举人大代表提出立法动议，通过这一渠道参与到环境法律的制定及修正过程中来，以间接参与的方式达到环境立法公众参与的目的；第二是在立法机关就相关环境立法草案向社会各界公示并征求相关看法时，公众可以参加相关机构所举办的一系列听证会、论证会、座谈会等，以此来向立法部门直接表明自己的看法与观点，这种情况属于直接参与法。

3. 环境行政参与制度

环境行政参与主要包含两层含义，一种是环境行政决策参与；另一种是环境行政执法参与。行政参与制度的根本目的在于保护社会公众的环境利益，同时保证政府相关环境行政管理职能可以顺利地推进与实施。公众参与到环境行政中来，能够在一定程度上监督环境行政权的实施过程，同时还能够及时指出行政管理与环境决策的不妥之处，保证环境决策能够得到更加科学的实施。

环境行政执法参与一般有下面两种形式。第一，监督性参与，也就是环境行政执法机构在开展环境执法工作的过程中，要接受来自社会各界人士的监察与督促，以保证执法过程的合法性与正规性。第二，支持性参与，公众从正面支持环境执法部门的工作，例如，当发现污染损坏环境的行为时，及时将其举报给相关专业环境部门，以此来协助环境行政工作的开展及进行。

4. 环境司法参与制度

环境司法参与主要是指公众对环境诉讼（包括环境行政诉讼、环境民事诉讼和环境刑事诉讼）的提起、参加及对诉讼结果的执行。环境诉讼是保障公众参与环境权利的关键手段。权利衍生救济，只有充分保证公众救济权的行使，才能最终维护公众对环境事务的参与权。当生活中遇到破坏环境的行为，或意识到破坏环境的行为即将发生时，公众可以采用司法手段对破坏环境的行为作出制裁，并使遭受损害的环境得到恢复，

三、环境保护公众参与的价值目标

（一）促进环境行政民主化

处理环境问题时最大的矛盾是利益的冲突性，也就是说，关于环境问题，公众内部的利益不是统一的，实际情况是公众内部可能有完全相对的利益冲突，并且其中的冲突包含非常多的层面及方位。面对如此复杂的情况，只把环境问题的决策权力交给政府并不是一件明智的举动，况且这样也是行不通的。社会大众内部关于利益的沟通与协调，一定要在民主观念的指导之下，引导民众完全参与进来共同解决与处理环境行政及环境司法事务，同样的，要让政府和社会各界民众联合起来，共同去面对与解决社会中出现的环境问题。允许民众对环境事务发表意见与建议，营造透明、顺畅的沟通与讨论机制，有助于增强民众对政府决策的理解与支持力度，也有助于说服反对者，这样能够在一定程度上降低环境事务的冲突概率。只有这样，才可以全方位顾及考虑社会民众多元化主体的利益冲突。同

时，将民众引导进入环境事务处理机制中来，能够使得民众更好地监督与推动政府工作，有助于督促政府更有效率、更加廉明地处理环境冲突与各项事务。

社会民众是环境问题最终后果的施加对象，环境资源属于公众资源，这一点决定着政府解决与处理环境相关事务的过程中要始终将社会公众的利益放在首位，政府环境工作要做到公平、公正与公开。为了在处理环境问题时能够更加了解民众的意愿，妥善地解决与处理当前社会中已经出现的各种环境问题，政府一定要推动环境问题的公开化与透明化，鼓励民众积极参与到政府的环境事务中来。所以，公众参与制度首要价值目标是推动环境保护决策不断向着更加科学、更加民主的方向前进，推动民主理论在环境管理活动中得益延伸。

（二）平衡公众环境利益诉求，实现社会正义

法律最终追求的社会的公平与正义。公众在评价某项社会制度时，一般将目光聚焦于此制度归根结底是怎样对待社会中的每个普通人的，即此项制度是否可以做到公正公平地处理其中的每一个人，具体来说，主要有两点，一是身份公平；二是分配公平。

社会公众最终将承受因为环境损害及污染所造成的一切后果。公众在参与环境立法行政决策的过程中，向政府表明自身对环境诉求，使得政府在做出环境决策时能够考虑到社会公众的利益，这样能够在一定程度上遏制社会强势群体的行为，阻止其为了追求自身的利益而损害弱势群体的环境利益。不断完善环境法律制度，让社会弱势群体能够通过一定的渠道发表自身的观点与意见，使得政府在分配环境资源时可以衡量弱势群体的诉求与意见，这样能够不断推动环境公共资源的分配向着更加公平的趋势发展。

（三）提高公众意识，培育环境领域的自主治理精神

环境意识指的是公众自身看待环境污染的水平，以及可以付诸行动的意愿程度，代表着社会公众对待环境问题的自身看法，从根本上反映的是人们看待环境问题的态度及行为。推动环保行为的实践离不开社会中每一个人的参与，离不开民间环保组织及环保活动，而这一切最终都要以社会公众环保认识的提高为基础。

不断创新与完善公众参与环保法律制度，让社会公众拥有对环境保护法律的参与权与决策权，让环境保护法律向着更加自主自觉的方向发展，逐步培养政府与公众共同行使决策权力的治理局面，不断增强公众对政府决策的参与性与监督精神，形成公众和政府共同治理环境的理想局面：这种互动合作归根结底会推动社会整体民主水平的提升，会推动环境治理向着更加自主的水平发展，从而使多元化、不同层次的环境利益得到表达，并以对话、协商和妥协的方式在法律框架内实现，实现社会公平。

第二节 环境公益诉讼法律制度的构建

一、环境诉讼的法理基础与公益理念

（一）环境诉讼的法理依据

任何法律都有具体的保护法益，环境法自然也不例外。环境权作为一种新的、正在发展中的法律权利，是环境立法、执法和诉讼的基础。环境权理论的提出是基于传统法律理论对解决环境问题的无能为力。传统民法关于所有权的理论认为：非人力所能支配的物（如流水、空气、日光等环境要素）没有权利成为所有权的客体，是地球上存在的公共自然资源，凡是地球上的公民都可以自由地使用或占有，所以，企业或工厂向自然界排放污染物的行为并不违反任何法律法规。

20世纪60年代以后，世界范围内环境危机引起人们的重视，社会公众开始探讨公民是否对生活其中的环境要素拥有所有权。1960年，西德的一位医生向欧洲人权委员会提出"向北海倾倒废弃物"是侵犯人权行为的控告，这一行为引起了人们的广泛探讨，即环境权是否属于人权的一部分。同年，美国内部展开了一场引起全世界目光的辩论，也就是公民提出保护自然环境以及为自己争取更加健康的生活环境，这种意见的最终依据从何而来。最终美国密执安大学的萨克斯教授"公民信托理论"得到了大多数人的支持，为环境权的发展奠定了较好的基础。在我国，现行法律中尚无明确规定环境权的内容，但其很多内容仍可以在我国现行法律体系的各个层面找到依据。

（二）环境诉讼的公益理念

环境权真正在实践生活中发挥作用，一般认为应该是，当社会公众的环境权受到侵害时，除了能够通过一定的途径获得经济赔偿之外，还能够通过正当顺畅的法律途径提起环境诉讼。相比之下，社会公众在个人利益受到损害时，能够寻求到正当合理的途径提起诉讼，以此来维护自身合法的利益。环境权利也应该朝着这一方向不断发展及完善。

环境权是出现时间较短的新型权利，它有"整体性""共有性"的特点，一般的环境侵害行为会造成社会公众整体的利益受到损害。一些学者主张，环境权是公益权利，这一观点的基础是环境权的侵害一般是环境危机之后出现的情况，其受到损害的是社会公众的公共利益，因此环境权具有公益性。另外，一般引起环境问题的原因是多样的、非单一的，因此在维护及行使环境权利的过程中难免带有社会性色彩。环境诉讼因为典型的公益性，因此仅仅靠私益性救济很难能够真正实现诉讼的目的。

二、建立环境公益诉讼制度的必要性

（一）建立环境公益诉讼制度是建设资源节约型社会的要求

我国国民经济和社会发展"十一五规划"中明确指出："要保护生态环境，加快建设资源节约型、环境友好型社会，促进经济发展与人口、资源、环境相协调。"我国长期以来实行的是国家环境管理这一单轨运行机制，通过各级政府的环境保护机关以政府名义和法律形式，全面行使对环境保护的执行、监督、管理职能，并对全社会环境保护进行预测和决策。在这种体制下，有的地方环保部门屈从地方保护主义压力，不愿或不能实施保护环境权的行政行为。

在当前的社会发展形势下，国内还存在部分地区用耗费资源、破坏环境的方式来推动经济的不断发展，相对于实际情况，我国当前正在执行的环境保护制度及法律法规还不完善，环保行政执法不能规范到全部的环境行为，甚至还有部分地区的当地政府出于地方保护的目的，让一些严重的破坏环境的行为放任自流。面对如此严峻的社会背景，假如公民不具备环境诉讼权，破坏环境的做法将在很大概率上不会得到惩罚。所以，要保证建立完善的环境公益诉讼制度，形成民事责任、行政责任、刑事责任"三责并举"的环境违法制裁机制，有利于依法加大环保力度，防止环境问题的发生和恶化。

（二）建立环境公益诉讼制度是构建社会主义和谐社会的需要

虽然我国对环境保护事务越来越重视，制定与推行了许多环保政策与手段，不过这还是无法彻底阻止破坏环境行为的发生，一些企业、地区受到经济利益的蒙蔽，盲目追求短期利益，不断做出一些损害其他企业或地区环境的行为，这一做法是欠缺公平的。如果任由此种行为继续下去，最终会造成我国面临严重的环境问题，甚至可能会威胁到我国经济安全运行及社会长期稳定。所以，要不断改革与推进环境公益诉讼的程序及渠道，来使社会中破坏环境的行为真正得到惩罚，保护人民的公共环境利益，保持社会整体的稳定及和谐。

（三）建立环境公益诉讼制度是实现公众参与原则的客观要求

环境公益诉讼则是公众参加环境管理、参与公害解决过程的一种重要制度，而不仅仅是一种单纯的诉讼手段。社会公众拿起法律武器减少环境公害，肯定能够在一定程度上增强其自身维护人与自然之间和谐关系的意识，这一现象能够为环境公益诉讼奠定坚实的民众基础。因此，建立能够吸收公众参与环境管理运作的环境公益诉讼机制已成为现实的迫切需要。

环境公益诉讼是我国环境法的另一重要原则"预防为主原则"的重要保障手段。和私益诉讼有所不同的是，公益诉讼能够在损害事实还未真正发生之前提出，如果社会公众对实际情况判断合理，并认为存在造成社会公益侵害的可能，就可以对违法行为人提起诉讼，这样能够在一定程度上维护国家利益及社会秩序的正常运行，防止侵害行为的真实发生。预防是环境公益诉讼较为明显与关键的一个特征，由于损害及污染环境所造成的后果一般是相当严重且难以恢复的，因此法律应该起到阻止损害行为发生的功能，这样社会公众才能运用诉讼手段及时制止损害行为的发生，降低行为人损害环境的概率。

三、我国环境公益诉讼制度构建的路径探索

（一）原告起诉资格的合理界定

适格主体，即合法的原告资格的确认是建立环境公益诉讼制度的核心。为了更好地履行公益保护的诉讼程序，现代法治国家相关法律正在逐步放宽对原告资源的界定。

1. 学界关于环境公益诉讼原告主体的研究及其不同意见

（1）公民个人。支持公民个人有资格成为环境公益诉讼主体的观点主要包括：现代民主行政理念鼓励社会中的个人自由行使公民权利，主动参与到国家事务的管理中来；公民亲身接触自然环境事件，能够最大程度地监督破坏自然的违法行为；公民身处自然环境之中，如果自然环境遭到破坏，公民将是最大的受害者，因此公民有主观积极性去维护自然环境的健康和洁净。而且，从国际的实践来看，公民个人在许多国家和地区都有提起公益诉讼的资格。

认为公民个人没有资格成为环境公益诉讼主体的观点主要包括：公民自身有追逐利益的趋向性，因此不能以个人身份作为公共利益的代表；公民个人在处理诉讼的过程中，缺乏专业的知识和技能，应对诉讼案件的能力有限，因此不具备作为环境公益诉讼主体的资格。

（2）检察机关。检察机关被认为是最合适的公益诉讼的主体，不过其中也夹杂着不同的声音。支持检察机关有资格成为环境诉讼主体的观点认为：检察机关本身代表着国家

权力与公共利益，关注与公民利益相关的环境状况是其职责之一；公诉权是检察机关法律监督的必要构成，检察机关的法律监督权只能通过起诉权、抗诉权等行使；检察机关有资源，可以负担公益诉讼的成本。从国际司法实践看，无论是大陆法系，还是英美法系的国家和地区，检察机关参与公益诉讼都是较为普遍的做法，而我国检察机关参与公益诉讼也有若干成功的案例。

反对检察机关成为环境诉讼主体的观点主要包括：在我国，检察机关本身的工作性质就是法律监督机关，这一点与世界上其他国家存在一定的区别，如果直接让检察机关担任诉讼主体，会在一定程度上影响审判的公正性；检察机关以其在现行法律框架中的特殊地位和权力参加诉讼，会造成双方当事人的地位不对等，同时检察机关直接提起民事诉讼，是对当事人处分权的干涉，产生公权干预私权的情况，不符合民事诉讼自身的特点；检察机关的身体是国家司法部门，与政府之间存在一致的立场与利益，很难做到真正地从公共利益出发看待环境事件，不能真正地代表社会中弱势群体的利益。除此之外，当前我国检察机关已经处于超速运行状态，无法抽出额外的人力与物力与处理环境事件的相关诉讼事件。

（3）环保团体。具体观察世界上环境公益诉讼发展较为成熟的国家及地区，大多数国家及地区都将环保团体作为公益诉讼的原告。支持这种做法的学者主要是认为，环保团体自身是公益性质，能够从公共利益角度出发去看待环境事件；环保团体的立场与政府机关的立场并不一致，能够更加公正地处理环境事件；环境团体内部有专业的环境专业人员，可以通过自身的渠道拉来赞助和资金，有一定的法律与经济基础去应对相关的环境公共利益诉讼事件；对公众利益了解，有代表公众的现实基础。

反对的理由有：我国的社会中间层组织（包括各类环保民间团体）极不成熟，不能胜任代表公共利益之责；不同团体之间的利益取向相差很大，受到自身所处的阶层、地区、人群等的限制，也无法做到真正的公正与中立。

（4）政府或其职能部门。有些学者支持政府或其职能部门有资格成为环境公益诉讼的原告，他们的观点主要是：政府的职能机构中包括专业的环境行政部门与机构，他们以被委托的身份处理与环境相关的专业工作，他们自身具备专业的公共职能与权力，也担任着保护环境健康的责任，所以应该成为环境公益诉讼的主体；政府部门具备较为充足的人力与物力资源，能够轻松地承担起环境诉讼的成本。一些反对政府成为环境公益诉讼主体的学者则认为：政府具备行使公共职能的权力，当他们发现破坏环境健康的行为时，可以采取处罚、强制等方式对其进行教育，没必要一定付诸法律诉讼；行政机关拥有公权力，在诉讼中有优势地位，会导致诉讼中的当事人地位不平等；政府的职能部门容易和其他部门和企业形成利益共同体，从而损害公众的利益。

2. 理性的选择——环境公益诉讼原告资格附条件的拓展

环境公益诉讼的真正目的是填补政府环境执法的空隙，环境公益诉讼的运行能够起到监督与限制政府行为的作用，因此，从这一方面来说，政府不应该成为公益诉讼的原告。纵观西方发达国家的环境立法经验，结合当前国内的环境法律发展状况，我们应该理性地采取多元性主体的形式，在一定程度上拓宽对原告资格的附加条件。

具体而言，可以通过修改《民事诉讼法》和《行政诉讼法》，突破我国现有的诉讼法律"直接利害关系"的限制，赋予特定国家机关、相关社会团体、个人3类主体提起环境公益诉讼的权利。其中，特定国家机关为检察机关，其应有权对损害环境公共利益的行为人提起民事公益诉讼和行政公益诉讼；相关社会团体为非政府环境保护组织；个人则是具有中华人民共和国国籍、年满18周岁，且有完全行为能力的我国公民。同时，根据我国的现实国情，实现原告资格的扩张，必须符合以下条件。

第一，行政投诉程序前置制度。当发现污染或损害自然环境的行为时要及时向相关机构举报，若举报后法定期限内没有收到相关部门的事件反馈，公民或其他有权主体才能够提起环境公益诉讼。

第二，实行由检察机关或公众提起诉讼的双轨制。公民个人应当是环境公益诉讼最主要的原告。检察机关在环境资源和环境利益的司法救济中，其角色通常情况下是监督与领导，不会参与到具体的执行过程之中。不过如果发生环境事件时无法找到相应权利主体，或权利主体不具备诉讼能力，或提起诉讼要面临巨大的困难时，监察机关可以作为权利主体提起民事诉讼。

可分为三种情况：一是由公民个人在符合法定程序的前提下直接向法院提起诉讼；二是由立法明确界定检察机关提起环境公益诉讼的范围，在此范围内由检察机关依职权主动提起；三是由公众（包括公民个人和环保团体）申请检察机关提起诉讼。如果是公众申请提起诉讼，则在提起诉讼时，可以选择检察机关作为代表，也可以自己直接起诉。在公众有选择权保障时，一般会倾向于将困难度较大的环境事件交由检察机关提起诉讼，以此来保证公众的环境公共利益能够得到有效的保障。如果申请被驳回，公众也能够自己直接起诉，两种诉讼渠道保证了公众环境公共利益的顺畅救济渠道。

第三，考虑到我国环保团体整体上的不成熟特征，相关立法上可以考虑对一些相对成熟的环保团体，比如，成立已经有一定年限、有一定社会影响、有一定人员和资源的环保团体，经一定程序认可，赋予专门的起诉权，为环境公共利益而提起诉讼。环保组织可以以当代人的名义，也可以以后代人的名义，对侵害环境公共利益或潜在的侵害行为提起诉讼。

第四，法院在正式受理环境公益诉讼前，要查清楚原告是否具有合法身份，是否提交了合法且充足的证据，是否具备合法的起诉条件。如果有必要，人民法院可以举办听证会，让原告、被告及相关人员，进行充分的沟通、交流及辩证，最终作出决定是否立案。当法院受理环境公益诉讼案件之后，案件即无法撤回，原告、被告及各方相关人员要根据法庭规定参加有关诉讼活动。

（二）举证责任的合理配置

当处理环境诉讼案件时，一般要运用科学专业的技术手段来对环境损害进行认定。通常情况下，原告不具备较为专业的环境知识信息与专业检测技能，无法用专业数据与资料进行举证。所以，一部分国家及地区在处理环境诉讼案件时，规定诉讼中关系到具体环境侵害数据的，该数据应由被告提供。在我国，最高人民法院的司法解释规定了环境污染损害赔偿案件实行被告举证制，不过尚未对原告是否承担一定的举证责任作出明确规定，由此导致被告方认为自己承担了较多的举证责任，同时使得原告放弃了收集比较证据的积极性。为了使原告方与被告方能够更加平衡地对环境诉讼事件承担举证责任，应该由原告来举证被告是否向环境中排放了污染物，是否对环境造成了一定的污染，两者事件是否存在因果关系。

第三节　生态补偿法律机制的构建

一、生态补偿的理论蕴涵

（一）生态补偿的多维度理论基础

生态补偿最初源于自然生态补偿，指自然生态系统对干扰的敏感性和恢复能力，后来逐渐演变成促进生态环境保护的经济、法律手段和机制。

1. 生态学的维度：生态平衡理论

任何一个正常、成熟的生态系统，其结构与功能，包括其物种组成，各种群的数量和比例，以及物质与能量的输出、输入等方面，都处于相对稳定状态，这种状态就是生态平衡。生态平衡是靠一系列反馈机制维持的，一旦物种循环与能量流动出现任何微小的变动，都可能会引起系统的变化，同时此变化也能够因为反向作用使得系统恢复到之前的平衡状态。

能量流动与物种循环的渠道并非单一的，一些渠道能够互相补偿，当某个渠道出现问题时，可能被其他渠道代替，以实现系统的自我调节。不过，系统内部的自我调节不是万能的，它存在一定的限度，超出限度的变化会造成系统的整体失衡，甚至使生态系统受到损害。社会及自然自身都有可能引起生态平衡的变化。自然因素中，火山和地震能够在极短的时间内使系统受到损害，受到损害的生态系统也许能够慢慢地实现自我修复。社会因素主要是人类主动改造自然的各种行为，以及无意间引起的生态系统的损害。举例来说，人类对森林的乱砍滥伐、对环境倾倒严重污染物等等行为，都会引起生态系统结构及功能的变化，打破生态系统内部的平衡状态。根据生态学理论，要把流域（或区域）生态当作整体系统来研究，通过建立生态补偿机制来协调和理顺系统内各要素的关系，改善系统的物质能量流动，促进生态系统的良性循环，实现整个流域或区域系统的最优化。

2. 经济学的维度：从"公有地的悲剧"到"生态资本理论"

（1）公共产品理论。在经济学理论中，根据产品是否具有排他性和竞争性，可以把社会产品分为私人产品和公共产品。

私人产品既排他，又竞争，公共产品只竞争无排他。公共产品的使用不可避免地要面对两个难题：公民恶劣对待的问题，以及因为违法行为众多而无法意识到自己违法的问题。大量的环境要素，例如清新健康的空气、洁净的饮用水、丰富的矿藏、繁衍不息的野生动物，等等，是属于全部公民所有的公共产品。环境资源的竞争性特征，往往会导致被公众随意地取用，甚至是杀鸡取卵式的取用，最终导致环境中资源失去再生能力，恢复能力也在逐渐减弱。同时，环境资源也具备非排他性，使得人们过度地追逐环境资源，而最终导致供给不足。当然在一定程度上，政府的管制和买单行为能够控制环境资源的非排他性问题，不过政府仍然应该对当前的环境保护制度进行创新，使环境受益者能够支付一定的费用，从而给予生态保护者一些激励。

（2）外部效应理论。经济学中的外部性是指：在实际经济活动中，生产者或消费者对其他消费者或生产者施加的超越主体范围的利害影响。当私人和社会整体的成本及获益存在差别的时候，就会出现外部性问题。一种外部性问题是成本负外部性；另一种是利益正外部性。外部性问题是在产品或服务的成本或收益无法排他（或排他成本极其高昂或没有必要排他）的条件下，交易成本又很高的情况下发生的。在存在外部性的情况下，无论是正的外部性还是负的外部性，都使实际的市场均衡价格低于理想的效率状态下的市场均衡价格，这是由于其中的部分或全部的成本或收益没有计入价格的缘故。

一旦出现外部性问题，市场机制无法起到调节作用，就会发生市场失灵的状况。一是环境不断受到污染，生态环境越来越恶化，而高污染企业仍旧在肆无忌惮地向环境中排入大量的污染物；二是一些公共产品或服务，如高速公路、灯塔等出现供应不足的状况。当出现这种情况时，需要政府出面来解决这些问题。政府可以通过税收与补贴等经济干预手段使外部性"内部化"。举例来说，对于引起负外部性的生产者征收较重的税，在一定程度上限制此类企业的生产规模；对于引起正外部性的企业给予补贴，支持其进一步扩大生产规模。这种措施的执行，使得企业在追求利润这一目标的驱使下，不断调整其价格等于社会边际成本的点。想要支持与鼓励人们不断开展正外部性的保护环境的行为，政府就需要采取一定的补偿及补贴机制，这样才能实现最终的目的。

（3）生态资本理论。资源价值理论认为，生态环境与资源具备其自身的特定价值。生态系统提供的生态服务应被视为一种资源、一种基本的生产要素，所以必然离不开有效的管理，这种生态服务或者说价值的载体即所谓的"生态资本"。生态资本主要包括以下四个方面：能直接进入当前社会生产与再生产过程的自然资源，即自然资源总量（可更新的和不可更新的）；环境消纳并转化废物的能力，即环境的自净能力；自然资源（及环境）的质量变化和再生量变化，即生态潜力；生态环境质量，这里是指生态系统的水环境质量和大气等各种生态因子为人类生命和社会生产消费所必需的环境资源。

而整个生态系统就是通过各环境要素对人类社会生存及发展的效用总和来体现它的整体价值。随着经济与社会的发展，生态产品变得越来越稀缺，人们想要发展，只向自然索取是行不通的，人们还要学会投资于自然，当需要使用自然资源时我们必须付出一定的补偿。以前有些人对自然环境资源随意取用以追求自己的经济及社会利益，罔顾自身的行为给整个社会及子孙后代所造成的不良影响，这种发展模式要得到彻底纠正。重新评价和测算生态价值和生态利润，通过建立生态补偿机制来促进设立新的资源价值观念的国民经济核算体系，实现自然资源市场化，促进资源的有效配置，实现社会效益、经济效益和生态效益的统一。

3. 法学的维度："从权利义务对等"到"环境正义"理念

（1）权利和义务对等原理。权利和义务是法的核心内容，也是法学的基本范畴。权利义务的对立统一首先表现在权利义务的相互对应、相互依存、相互转化的辩证统一过程中。从这一角度来看，实施生态保护措施，生态功能区所属的地区或部门履行了其所承担的保护生态环境、维持生态平衡的义务，但同时也被剥夺了其发展自身经济、摆脱贫困的权利。而环境保护的受益主体在享受生态保护的优质生存环境的同时，却没有承担其所应该承担的义务，违背了权利义务对等性的法理学原理，不利于主体利益的协调与保护和生态环境的改善。

（2）环境正义理念。"环境正义"一方面主张人们要停止继续损害及污染环境的行为；另一方面也强调社会民众享有平等的生存权及自决权。它在强调保护自然系统的平衡状态之外，同时也认为，是强势族群及团体对弱势群体的绝对压制引起了环境系统的失衡。生活中常见的环境问题，普遍地影响着所有人的生活，不过对不同的群体会产生不同的影响，其中有一部分人在环境问题的处理过程中获得了相应的利益，还有一部分人则因为环境问题的处理而使自身利益遭到损害。而自然（环境）对于处于弱势的国家、地区和群体来说，首先意味着生活和生存只有以合理性、合法性为基础，在客观的自然生态规律的指导之下，公平地分配社会主体的环境权利和义务。

环境公平是与环境正义相联系的价值原则，包括环境机会公平和环境结果公平两层含义。只有保持公平才能维护和保证不同利益主体应享有的合法权利和自身利益，失去了公平，也就意味着失去了可持续发展的可能性。生态补偿制度的建立正是"环境公平"理念的具体化。

二、对生态补偿法律制度基本要素的应然分析

（一）法律制度在生态补偿利益协调机制中的优先性

之所以会出现环境问题，大多时候是因为人们对生态环境与自然资源不同的利益诉求之间出现了冲突，生态补偿说到底是平衡与协调环境问题的支持与措施。通过一定手段及措施对各个主体的利益诉求作出合理的协调，保证各个主体利益的合法性，降低主体之间的环境冲突，控制其环境不当诉求，最终达到保护环境的最终目的。在社会利益协调的诸多途径如经济途径、观念途径、制度途径中，创设并运用法律制度，设定不同利益主体的环境权利和义务，把生态补偿机制的运行纳入法律制度的保障，无疑是现代法治社会的必然选择。

生态补偿的理论研究成果向我们昭示了生态补偿利益协调机制的路径选择：生态学理论中所探究的生态效益补偿为法律制度中的生态效益补偿指出了一条路径和应遵循的一般规律；经济学上的生态效益补偿则从经济学的角度揭示了法律制度中的生态效益补偿的障碍根源和应当解决好的问题；法学则以公正作为首要的价值目标，体现在生态补偿制度中，以权利义务的平衡与协调为逻辑起点，彰显了浓厚的人文关怀。

通过法律制度的协调和保障，可以有效降低政策协调、经济协调和观念协调的主观随意性和变动性，从而最大限度地保持利益制度和整个社会的稳定。因此，强调法律制度协

调机制在生态补偿机制中的重要性和权威性，对于整个生态保护和建设的可持续性具有至关重要的意义。

（二）生态补偿法律制度的应然逻辑构成要素

1. 生态补偿的主体

生态补偿主体即生态补偿权利的享有者和义务的承担者，包括补偿主体、受偿主体、实施主体：

（1）补偿主体。生态补偿主体应以政府为主，以及有补偿能力和可能的生态受益地区、企业和个人。

（2）受偿主体。生态受偿主体即生态补偿的接受主体。资源开发活动中和环境污染治理过程中因资源耗损或环境质量退化而直接受害者是生态补偿的受偿主体；生态建设过程中，因创造社会效益和生态效益而牺牲自身利益的主体也是生态补偿的受偿主体。

（3）实施主体。由于生态补偿自身的特殊性，直接由生态补偿主体对生态受偿主体进行补偿存在难度。原因在于，一方面，生态补偿的客体——生态环境价值具有"公共产品"属性，生态受损主体无法通过直接交易的办法获得补偿；另一方面，参与交易主体人数众多，且生态受益和生态受损不易定量化，即使生态受益主体愿意对生态受损主体进行补偿，其"交易成本"也十分高昂。

2. 生态补偿的标准

合理确定补偿标准是实现生态补偿公允价值客观价值的关键，也是生态补偿法律制度的难点。国内外学术界对补偿标准存在很大争议。

根据机会成本，制定生态补偿标准，加强对生态系统服务功能价值的研究。逐步建立基于生态服务的补偿标准的转变，这是建立生态补偿标准的未来发展路径。当然，有学者认为将生态效益价值货币化作为生态价值补偿的标准在理论上是错误的，在现实社会中很难被接受。补偿标准应该在国家的经济发展水平和对生态效益的需求，寻求两者之间的平衡。

3. 生态补偿的方式

生态补偿方法是指生态补偿的具体形式，是生态补偿的主要责任。补偿的运作方式大致可分为两类：政府补偿和市场补偿。政府补偿是指政府对生态系统的非市场补偿方式，包括财政转移支付、特殊基金、税收政策、奖励，用于综合利用和优化环境。最重要的形式是财政转移支付系统和专项资金。

（1）财务转移支付。财政转移支付是指财政基金或财政平衡系统，基于各级政府之间存在的财政能力差异，实现各地公共服务均等化。在生态补偿中，财政转移支付是为了实现生态系统的可持续性。通过公共财政支出，其一部分收入可自由转移到微观经济实体或下级政府实体进行指定的生态环境建设和保护。转移支付的形式是纳税申报表、特别拨款、财政援助、财政补贴、奖励综合利用和优化环境。目前，财政转移支付是中国实现生态补偿的主要途径。

（2）生态环境税。生态环境税是指政府通过调整税费，改变市场环境资源的不合理定价，刺激污染企业资源的开发，提高利用效率，使企业追求经济效益，减少污染企业的排放或恢复受损的生态环境，间接达到生态补偿的目的。

（3）生态补偿基金。生态补偿基金制度是一个包罗万象的概念。它包括由生态建设和生态补偿建立的林业基金、森林生态效益补偿基金、环境补救基金、补偿基金，用于退耕还林和其他基金系统。

市场补偿是市场交易实体的总称，它们利用经济手段通过法律法规范围内的市场行为改善生态活动。环境产权市场交易的补偿是市场补偿的主要形式。环境产权交易市场建立后，当卖方的最低价格与购买价格的最高价格相匹配时，任何市场主体都可以根据交易的交易规则进行环境房地产交易，主要形式有排污权交易、水资源交易等。水交易等间接通过市场交易来补偿生态环境。此外，生态补偿的市场补偿形式还包括发展环保产业，以促进环境责任保险等形式。

第四节　排污权交易制度的法律更新

一、排污权交易制度的法理基础

排污交易系统，也称为指数交易系统、可交易许可证制度，是指根据特定区域内该地区的环境质量要求，确定一定时期内排放的污染物总量。通过科学核算，污染物排放指标通过许可方式分配给地方政府和企业，指标可以通过合同交易转移给其他方。排污权交易系统是一个基于污水许可证制度的相对灵活的环境保护系统。它是一种以市场为基础的经济政策和经济刺激，是环保市场机制的典型例子。

在环境立法界，人们基本已达成了共识，即排污权交易的实质意义是环境容量资源的交易。环境容量这一概念来自生态学，指的是环境自身对污染与损害的修复与净化能力，也可以说是在某段特定的时期之内环境能够承载的污染物容量的极限。对于当前人们生存的社会与经济环境来说，排污权正变成越来越稀缺的资源。人类一切的生产与生活活动都离不开污染物的排放。所以，法律规定了人类在开展生产与生活活动时被允许排放的合理污染物数量。当污染物排放量超过规定数值时，相关人员将受到法律的制裁。

人类社会在发展的过程中，因为传统环境资源观念的局限性，以及环境产权的不确定性，人类赖以生存的外部环境资源受到了很大程度的损害与破坏，环境质量逐渐变差，人类的生活质量也受到很大程度的影响。要将环境污染控制在一定范围之内，逐步修复及改善自然环境质量及人类的生活质量，就必须在现代产权理论的指导下，重新树立环境资源生态价值，合法建立环境容量资源的使用权，并赋予其在市场上自由交易的权利。排放权交易就是在这样的背景下在世界范围内得到快速发展。

排放权交易制度已经进入一些国际公约的允许范围之中，它能够在很大程度上降低温室气体的排放量，进而使全球的气候得到改善。全球多个国家及地区也已经认可了这一环境立法制度，并在其执行过程中积累了丰富的经验，这为我国推进与执行排污权交易有很大的参考价值。

二、我国排污权交易制度的实践探索及不足

（一）我国排污权交易的实践探索

根据《大气污染防治法》《水污染防治法》及其实施细则等法律法规的规定，我国已经建立并普遍实施了污染物排放总量控制制度和许可证制度，这为排污权交易制度的建立提供了上游制度基础。另外，我国于1998年5月29日签署了《京都议定书》，成为第三十七个签约国。该公约目前只规定了发达国家温室气体的排放量，暂时还未对发展中国家的温室气体排放量作出硬性规定。不过纵观当前发展形势，我国的二氧化碳排放量已超过大多数国家，甲烷、氧化亚氮等温室气体的排放量也大大高于世界其他国家。在可预见的未来，假如我国仍旧任由污染物自由地排放进入空气、土壤或水源之中，那么当相关国际公约开始对发展中国家污染物排放量做出硬性规定时，我国将被迫支付巨额资金去其他国家购买排放量。为了避免出现这种局面，我国应该从当下开始逐步建立并完善排污权交易制度，以推进企业与居民养成节能减排的良好习惯，保证我国的可持续发展能够顺利进行。

我国在试点省份推行了排污权交易制度，并已经取得了成效，逐步掌握了相关法律与政策在交易定价、交易规则、交易模式等方面的推进手段与措施，这里仅以全国试点的5

个省区之一的湖北省为例做说明。湖北取得排污权的单位，不免除环境保护的其他法定义务。其他已出台的有关排污权交易的地方法规、规章都对可交易的主要污染物类型、排污权交易的法律含义、目标和原则、交易主体、交易程序、监督与管理、法律责任等做出明确的规定。

（二）我国排污权交易制度中存在的法律问题

环境保护制度的制定及推行在我国已经经过了相当长的时间，相对而言，排污权交易制度还是一个新生事物。总结与研究我国已经取得的相关实践经验可以发现，排污权交易制度能够在一定程度上改善环境质量，修复环境污染，进而提升人们的生活质量。当前排污权交易在我国还处于试点阶段，在其推广与执行阶段所存在的一些问题不得不引起我们的注意。

1. 排污权交易的立法体系不健全

当前，我国仅仅在一部分省份开展了排污权交易的试行，尚未在全国范围内大规模推行排污权交易制度。综合当下各试行省份的排污权推进情况可以发现，排污权交易在实践中的应用与推行得到了较好地发展，而相关地方立法却仍然没有得到确立及完善。除此之外，关于排污权交易的具体操作规范也存在一定的不足，相关政策尚未得到法律层面的认可。在国家立法层面，只有《大气污染防治法》《水污染防治法》和其他相关法律规定了总量的污水许可证制度、排放控制系统，但对排放权交易制度尚没有具体的条文，国家层面仍没有独立明确的排污权交易条文及规范。

2. 排污权交易的外部市场运行机制存在阻碍

我国的排污权交易制度是从西方发达国家引入进来的，该制度孕育并产生于西方发达国家发展已经相当成熟的市场之中。不可否认，排污权交易制度的成功运行离不开运作成熟的市场。当前国内尚未形成成熟的市场。不管是法律条文还是实践展开，排污权交易制度当前都是政府处于主导地位。

仔细观察我国排污权交易的过程可以发现，大量交易行为不是在自由的市场运行环境中展开的。具体来说，当前国内市场中的排污交易大多是一对一展开的，交易对象并非通过自身意愿决定；交易价格大多由政府相关部门确定，而不是在市场竞争机制中自然形成。可见其运行过程中始终贯穿着政府行为，不属于自由市场的环境。除此之外，因为政府的干预，排污交易过程中滋生了严重的地方保护主义。尤其是在部分跨区排放交易中，地方政府经常通过行政手段干预交易自由。例如，行政命令禁止在该地区转让排放权指标。对于其他地区，很难开发未开发的排放交易。用行政命令取代市场运作影响了排放交易的公平性。

3.排污权交易的相关基础制度和配套制度不完善

作为排放交易系统的上游系统——总控制系统和污水许可证制度是确定排放权初始分配的主要依据。在当地污染物排放总量控制的前提下，环保部门应根据各污染源的排放状况和经济性、技术的可行性，向污染物排放单位申请排放污染物。发出超过总排放控制指标的污染物排放单元《排放许可证》，并且发出超过总排放控制指标的污染物排放单元《临时排放许可证》，并且在一定时限内减少排放。污染物排放许可的审批程序基本上是排放权的初始分配，实质上是行政许可。由于环境容量资源具有资源属性，排放权的分配是指财产权益的分配，因此初始分配应为付费分配。但是，除了试图探索某些地区的有偿排放权分配外，初始分配基本上是免费的，不能反映环境容量资源的生态价值和财产价值。此外，现有的排污权初始分配制度要求对污染者的实际排放量和交易量进行准确监测，在此基础上，难以准确监测污染物的数量和交易量。

三、更新我国排污权交易制度的法律思考

美、德等发达国家的排污权交易制度发展得较为完善，其中存在值得我国借鉴的地方。当前我国排污权交易存在的一些问题，要在一定程度上参考国外的先进做法，不断推进排污权交易的实践与立法。

（一）加强立法，构建完善的排污权交易制度

当前，我国国内尚不存在明确的、对排污权交易作出规定的国家层面立法制度。仅仅有一部分省份先行制定了相关地方立法，不过这些省份基本上是国家排污权交易的试点省份，除此之外的其他省份仍未成立专门法律法规。即使已经制定相关法律法规的省份，其相关制度也存在一些问题，例如，内容不全面、缺乏配套法规、操作性不强等不足。

因此，为了更好地推进排污权交易的实践与推广，应该尽快完善地方相关立法，并尽早制定国家层面的相关法律。一方面要推进地方立法的不断完善。要充分总结当前已有的立法经验，并借鉴发达国家的先进实践经验，正确认识当前立法的不足与缺陷，进一步明确具体制度、实施总量的详细控制措施控制、许可证交易管理措施、污染物排放监测和管理方法，为当地污水处理权利交易提供运作的法律依据。另一方面要把握合理实际成立国家层面的排污权交易立法制度。环境保护部可制定指导部门规则《排污权交易指导办法》，统一规定排污权交易指导思想、目标、基本原则、具体制度、法律责任等，规范地方立

法，指导地方排污权交易。

（二）完善排污权交易的相关制度设计

在排污权交易过程中，污染物总系统总控制系统、许可证制度、污染物监测系统、排放权初始分配制度等，确保排污权交易公平公正、促进良性形成交易市场的重要作用。鉴于目前排放交易系统存在的诸多问题，我们应该着重改进相应环节的系统设计。具体而言，应从以下几个方面逐步改进重点。

第一，总污染物排放控制目标、总设计、调查和检测、总分布等，要将其在明确的法律条文中作出规定。环境容量的确定过程是较为复杂而专业的过程，政府相关部门要与专业科研机构展开合作，以创新的检测技术较为精确地测量环境容量，进而确定污染控制总量，最终为排污权交易相关法律的制定提供较为科学而准确的依据。

第二，政府环保部门应建立完整的排污跟踪系统、审核调整系统，加大对污染源的监测力度，准确掌握污染排放数据，并及时公开相关环境数据，确定污染物排放情况，为排放权的初始分配提供了科学依据。

第三，逐步实现从无偿到补偿的排污权初始分配的过渡，以反映环境容量资源的使用价值和环境法的"污染者付费"原则。付费分配的方法，包括拍卖、销售等。政府应对长期占用污染物排放指标的单位进行重组，并通过拍卖和奖励方式将排放权分配给新建单位，充分实现污染排放指标的有偿初始分配。在此基础上，污染源之间的污染权重新分配将通过市场实现。

第四，大力发展排污权交易中介机构，提供交易信息、专业处理排污权储存和贷款服务，为企业开展排污权交易提供服务。

（三）转变政府职能，加强排污交易中的政府监管和服务

排放权交易需要在自由的市场环境中开展，在这一过程中不可缺少市场工具的参与与调节。不过，排污权交易同时也需要政府的监督与管理。在实践中，由相关经济原则可知，市场机制的调节作用也会存在"失灵"状况，这时就需要政府及时出手进行干预。当排污权交易获得进一步发展，其市场运行进入较为成熟的阶段之后，政府需要及时转变角色，由强硬干预角色转变为监督与管理角色。

（四）循序渐进，培育成熟的排污交易市场

我国的排污交易市场刚处于起步时期，仅仅在一些省份进行了试运行。一般来说，良好的排污交易需要成熟的市场机制做后盾。在我国，社会主义市场经济正在快速发展，排

污交易所需的各种基础条件逐步成熟。中国推行排污交易可以从东南沿海经济发达地区或东部市场经济相对成熟的大城市开始，逐步扩大排污权市场，最终建立全国性的交易市场。

第五节　环境税法律制度的更新

一、环境税的基本理论内涵

环境税，或称"生态税""绿色税"，是税收手段在环境保护领域的运用。

所谓环境税，是指国家为了实现特定的生态与环境政策目标，筹集生态环境保护资金，对开发、利用环境资源或向环境排放污染物的单位和个人依法开征的一种税，是税收体系中与自然资源开发利用和环境污染防治有关的各种税收和税目的总称。环境税制度是通过税收手段来实现资源与生态环境保护目的的税收制度。

依据设立目的的不同，环境税通常被认为由两个部分组成，其一是为实现环境与资源保护的特定目的而征收的税种，这类环境税以环境保护为其主要设定目标，一般被明确确认为"环境税"的税收，如排污税等；其二是一开始是以其他目的（比如，调节消费、减少级差收益等）而设立的税种，但这类税种在实施过程中对环境保护有明显的影响，或者说在实现其征税目标的过程对环境保护产生较大的"负效"，以后经过修改逐渐演化为以环境保护为主要目标的税种，如能源税、燃料税等，很明显，这类税的征收并不全是为了环境保护目的。开征环境税的目标，从短期看，是为了通过税收杠杆刺激企业技术革新，提高资源使用效率，减少排污量，引导改变消费模式，解决环境治理资金；从长远看，是为了实现经济的可持续发展、维护生态平衡，实现代内、代际公平。

根据对人类发展所起的作用，可以将自然资源划分为三种不同的类型：消费品、资源、废物。相应地，根据自然资源的作用，完整的环境税制应包括环境消费税、排污税和资源税。消费税是根据商品的一般增值税对大量消费品征收的税。这一税种所起的作用主要是调整产品结构，引导公众的消费方向，给政府带来相应的财政收入。环境消费税的功能和普通消费税所具有的功能是相同的。一部分消费品的使用会对自然环境产生一定的污染或损害，所以消费税能够在一定程度上促进人们环保意识的提升。例如政府对鞭炮、烟花、汽油、汽车、摩托车等征收的税款。排污税是对直接排放到环境中的污染物征税。这是与所造成的污染的实际价值（或估计价值）直接相关的纳税，其主要目的是降低环境污染、修复环境损害、改善环境质量。为资源价值补偿等目的征收的税，如污水税、噪音税、垃圾税、二氧化硫税和废弃税。资源税是对自然资源的开发和使用征收的税，如石油税、煤税、有色金属税、水税、盐税。

二、我国现行环境税法律制度及其缺陷分析

我国的环境税制度起步较晚，虽然环境税的实施在促进环境保护方面发挥了一定作用，但总体上还很不完善。从法学的视角考察，我国环境税制度的不足主要表现在以下几个方面。

（一）排污税缺失，而征收排污费制度尚待改进

中华人民共和国成立以来，中国长期以来一直在实施有计划的经济体制。相应地，政府在经济的经济生活中具有绝对的主导地位。在此背景下，污水收费系统的收集已成为我们的首要任务。自 20 世纪 70 年代末以来，中国一直在使用这一系统。目前，国家污染物收费标准 100 多项，地方补充收费标准数十项。征收排污费所获得的资金大多用于环境的治理与改善，其也起到了增强企业环保意识的作用。不过，因为排污费征收的相关规定尚不完善，在实践过程中还有一些问题。

一是排污费征收额度较低，征收面涵盖范围较小，收集不充分。政府最初向企业征收排污费是为了推动企业安装污染治理设备，并非是出于补偿环境的目的。危险废物、住宅垃圾、流动污染等皆不在排污费的征收范围之内，且排污费实行单因子收费办法，企业将多种污染物集中于一个排污口排放，即只需要交一种排污费，显然这一征收办法存在一定的不合理性。二是排污费征收较为困难，征收范围较小，且存在严重的拖欠现象。三是排污费征收之后归地方政府支配，降低了国家对排污费资金的宏观调控能力，地方政府在排污费的使用过程中存在挪用、使用效率较低等现象。

（二）资源税在征收目的、范围、计税依据等方面存在不足

在现行税制中，资源税只是作为一种差别税而设计的。政府征收资源税主要是为了协调与平衡资源开发者的工作条件，促进其在较为公平的环境中展开竞争，提升其在开发及使用自然资源时的环保意识与节约意识。资源开采条件从根本上影响着缴税金额，而开采资源后对环境所造成的影响则不在衡量范围之内。除此之外，当前我国所实行的资源税征收范围相对较小，主要包括原油、天然气、煤炭、有色金属矿原矿、黑色金属矿原矿、其

他非金属矿原矿、盐 7 个税目大类。缺乏税收监管导致这些资源的不合理开发利用。此外，资源税的税收基础是不合理的。如果纳税人开采和生产销售的应税产品，则销售额为税基。如果纳税人开采和生产应税产品供自己使用，则为其自用的应税基础。这将导致公司不对不能出售或用于采矿的资源征税，并间接鼓励矿工盲目利用积压的自然资源和废物。

（三）消费税缺乏环保意识与设计

消费税的主要目的在于调节消费结构，最终不能引导消费者注重绿色消费的理念。另外，消费税的征收范围较小，税率相对较低。电池、塑料袋等一次性产品目前尚不在消费税的征收范围之内，而显然这些一次性产品一旦投入环境将产生严重污染与损害。汽油、柴油、鞭炮、烟火等则只需缴纳相对较低的消费税就可正常使用，起不到应有的作用。

（四）环境税体系尚未完全建立

当前我国所实行的环境保护税并没有系统独立的体系进行规范，其分别散布于资源税、耕地占用税、土地税等法律体系之中，政府无法对其进行系统规范的操控。另外，我国缺乏正规系统的污染税，因此实质上环境税体系的建立与完善还有很长的路要走。当前税种分散使得环境税难以形成合力，不能达到通过环境税来控制及降低环境污染的最终目的。因为环境税缺乏系统及独立的税法体系，在实际的运行操作过程中，监管部门各自独立征收税额，独立设置相应的优惠措施，独立制定相关推行政策，不能从根本上达到改革环境税的目的，也无法起到培育社会公众纳税意识的目的。

三、重构我国环境税法律制度的思考

当前我国正在全力推行"生态文明"理念，在全国范围内倡导节能减排。国家相关机构也在研究制定综合各种污染税的环境保护税。与此同时，针对资源税的调整与改革意见也开始了各方论证。"双税"改革的推进一定会在很大程度上影响企业的生产活动，同时也会极大地推动我国税费征收制度化的进程。通过我国多年的实践经验，以及参考西方国家的先进经验不难发现，我国逐步推进环境税体系构建需要注意以下几项措施。

（一）完善并逐步改革现行排污收费制度

综上所述，我国通过收取排污费取得了一定数额的资金，同时也控制了企业生产活动对环境所造成的损害与污染，取得了相应的成绩，不过因为收费制度所存在的不稳定性及不规范性，我国在排污费收取过程中仍然有一些不足，这些不足使得收费效果打了一定折扣。所以，政府要对当前的收费制度进行一定的修正与改进。当前理论界与实务界存在

"大环境税"与"小环境税"之间的争论，不过以长远眼光来说，政府推进排污费改革朝着"费改税"方向进行势在必行。在具体的实践过程中，政府税务及有关部门的税费改革方案和措施充分体现出了这一趋势与特点。

因为系统推进费改税不可能在短时间之内实现，因此应该先对排污收费制度进行展开修正与改进。完善排污费制度可以从下面几点开始。第一，政府向企业征收排污费，除了督促企业及时安装污染治理设备，还应该和排污行为引起的环境外部不经济性联系起来，与全面推进社会可持续发展联系起来。所以，政府要与相关科学机构联手确定环境容量及污染损害，以此作为依据来制定科学的收费标准、征税范围，等等。第二，制定科学合理的收费额度，从过度的标准收集到问题的收集，从单一浓度标准到浓度与总量的组合，从单因素标准到多因素标准。第三，政府收取的排污费计入政府预算，建立专项基金，将其专门用于环境治理工作上。

在完善排污费制度的基础上，逐步推进环境保护费改税，最终以环境保护税制度取代环境费制度。未来的环境保护税是一个类概念，涵盖了水污染税、产品污染税、大气污染税、垃圾税、噪声污染税等税种。

（1）产品污染税。主要是针对工业企业生产的有害环境的产品征收的税种，如含磷洗衣粉、洗涤剂，一次性泡沫餐具、塑料包装袋，有害环境的灭鼠药、杀虫剂、剧毒农药等。

（2）水污染税。以企事业单位、经营者及城镇居民排放的含有污染物质的废水为课税对象。以排放废水的单位和个人为纳税人。

（3）空气污染税。以企事业单位及个体经营者的锅炉、工业窑炉及其他各种设备、设施在生产活动中排放的烟尘和有害气体为课税对象，以排放烟尘、扬尘和有害气体的单位和个人为纳税人。

（4）垃圾税。以企事业单位和个体经营者及城镇居民排放的各种固体废弃物为课税对象，以排放固体废物的单位和居民个人为纳税人。

（5）噪声税。对民航、汽车、火车等交通设备及建筑工地等，都应征收噪声税，其纳税人为航空公司、汽车或火车的使用者及建筑队等。

（二）建立较为完善的资源税制体系

在现行税制中，资源税只是作为一种差别税而设计的。政府征收资源税主要是为了协调与平衡资源开发者的工作条件，促进其在较为公平的环境中展开竞争，提升其在开发及使用自然资源时的环保意识与节约意识。资源开采条件从根本上影响着缴税金额，而开采资源后对环境所造成的影响则不在衡量范围之内。

当前我国正在大力推进生态文明建设与可持续发展，为了响应这一要求政府要将资源税看作是提升开发者的利用效率、节约环境资源的重要手段。以这种目的为指导开展资源税的修正与改革工作，对纳税主体、征税范围、税率及计税依据作出科学的修正。纳税主体要逐步将与环境质量变化息息相关的一切企业与个人纳入进来。

当前的征税范围主要是原油、天然气、煤炭、其他非金属矿原矿、黑色金属矿原矿、有色金属矿原矿、盐7种资源，在修正过程中要慢慢地将土地、水、森林、草原等与人类生产与生活关系较为密切的自然资源纳入进来。尤其逐步加大人们生产与生活用水的成本，对水资源征收一定的资源税。为了更加合理地设置税率，政府应该系统权衡环境资源的质量、稀缺性、可再生性，等等。在此基础上，对那些质量较好的资源、稀缺性较强的资源、不可再生资源收取额度较高的资源税。在计税依据方面，废除当下以销售量及自用数量为依据的方法，进而采用根据资源开采或生产数量为依据的办法。

（三）以调节消费结构为目标，改革现行消费税

为了消费税的征税，应调整消费结构，调整消费结构，促进环境保护，作为税收设计的双重目标。具体措施是：一方面，适用的汽油税率、柴油、鞭炮、烟花和其他应税消费品可适当增加；另一方面，一些难以降解且无法回收的消费品，如一次性电池、筷子和氟利昂等产品都列入消费税范围。鼓励企业通过税收杠杆促进清洁生产，鼓励消费者使用"绿色产品"，倡导绿色消费。此外，对污染环境的消费品征收的消费税也应包括在污染产品税项目中。通过调整消费税，它成为环境税含量较高的税收。

（四）完善城市维护建设税

为了加快乡镇公共基础设施建设，应把城市维护建设税扩大到乡镇，并将此税设立为独立的税种，而不再是一种附加税，从而增加该税的税收收入，扩大其所保护的环境范围。

（五）"绿化"现有税制结构，完善环境税优惠措施

根据中国目前的税收结构，我们将通过增加具体的税收目标，调整适用的税率或改变会计方式来实现环境保护目标。在消费税方面，对清洁生产的清洁能源和家用电器、汽车存在差别低税率，其中有环境标志和能效标志，以促进环境保护；营业税、环保企业增值税、环境设施公益事业和城市的维护建设税等税收制度方面突出其环保功能的激励。此外，有必要取消一些不利于环境保护的中国现行税法规定。

我们将改革中国现行税法中的一些环保优惠措施，鼓励和支持环保企业或税收支出

个人，取消不利于环境保护的税收优惠政策，建立科学体系的税收激励制度从而有利于环境保护。第一，在企业所得税中，增加环保投资信贷和环保设备加速折旧的优惠措施，取消不利于环境保护的规定。第二，在增值税中，免税资源可以适用于使用可再生资源或替代品作为原材料的产品的免税优惠政策。第三，营业税中，公司对工业企业销售产品的综合利用和环保政策损失的经营活动实行营业税减免。第四，在关税中，对严重污染环境，破坏生态的进口材料和产品征收较高的关税，对进口的环保设施和产品实行低收入或零税率。

四、对我国环境立法的反思及展望

（一）对我国的环境立法之反思

在充分肯定已有成就之基础上，笔者通过对我国环境立法的反思，发现其中存在诸多问题，需要我们高度注意和警醒：

1. 有的环境立法之质量还有待提高

现有的很多环境法律缺乏力度，原则性要求多，明确而有力的规定少，缺乏可操作性。立法时，由于部门之间扯皮等原因，立法机关对相当一部分条款不得不做了模糊化处理，从而导致某些环境法律规定力度不够，缺乏可操作性。环境立法质量不高的更深层次之原因，是相关的体制机制问题还没有得到解决。实践证明，不解决体制机制问题，法律的制定就难以达到科学、合理的状态，就难以将制度优势转化为国家治理效能。

2. 存在诸多立法空白，有些重要的环境领域无法可依

在排污许可、化学物质污染、生态保护、遗传资源、生物安全、臭氧层保护、环境损害赔偿、环境监测等领域，相应的法律法规还没有被制定出来；在环境技术规范和标准体系上，我们也面临着法律法规的空白。

3. 环境法律的修改、废止与解释工作不符合现实需要

例如，《中华人民共和国环境噪声污染防治法》《中华人民共和国固体废物污染环境防治法》《中华人民共和国环境影响评价法》等重要法律已经不能适应现实需要。此外，还有的法律法规需要废止或者进行立法解释，但是有关部门没有及时进行废止和解释。

4. 配套的环境法规之制定跟不上法律实施的需要

在已经公布的环境法律中，授权性规定偏多，但配套的法规和规章却明显不足。而且，很多配套的法规都是在法律生效后很久才姗姗来迟，这显然不利于法律的有效实施。

5．生态保护立法是一个短板

相对于污染防治法律而言，生态保护立法是一个短板。例如，生物多样性日趋主流化，虽然我们呼吁多年，但是立法工作跟不上。生态保护的诸多领域，至今无法可依。自然保护立法千呼万唤却依然没有出台。

6．有关法律的生态化跟不上

多年来，我们致力于污染防治等领域的环境法治建设，环境法日益成为一个独立的法律部门，这对于解决环境问题是至关重要的。但是，我们对相关领域法律的生态化之重视程度还不够，"跟不上"的问题很严重。在环境治理的实践中，环境保护部门往往依据环境法来推进环境整治工作，其他部门则依据其他法律反其道而行之。法律之间形不成合力，是环境治理难以见成效的重要原因。

（二）我国的环境立法之展望

1．明确新时代的环境立法之指导思想和原则

生态文明思想是生态环境保护事业发展与进步的科学指引和行动指南，是做好生态环境保护工作的根本遵循，也是我们改进新时代的环境立法之基本依据。要把深入学习贯彻生态文明思想作为长期的政治任务，并以此指导环境立法工作。在谋划生态环境保护立法的布局时，要善于深思生态文明思想对环境立法中的所有重大制度之指导作用，不断提高环境立法工作的系统性、预见性、创造性和可操作性。

2．加快环境法律的立改废释工作

当前，亟须组织力量对现行的环境法律进行评估，查找与生态文明要求不相适应的问题并予以解决，从而增强环境法的实效性。例如，首先要加快排污许可、化学物质污染、生态保护、遗传资源、生物安全、臭氧层保护、环境损害赔偿、环境监测等领域的立法工作，不断弥补环境立法的空白。

与此同时，要推动环境法典的编撰。中国现在有 37 部环境法律，60 多部环境行政法规，1000 多部环境行政规章，这些法律文件相互之间的矛盾和冲突较多，有的因为制定时间不一致和提出草案的部门不同而前后相左。同时，有些法律文件的重复率过高，如《中华人民共和国水污染防治法》的重复率达到 30% 以上，这对环境法的实施产生了不良影响。因此，加快环境法典的编撰是必要的。此外，针对需要修改和废止的法律，我们要及时组织力量进行修改或者废止工作，以适应新时代的环境立法之新需求。针对一时来不及修改，而实践又亟需界定其内涵的法律，我们应当充分发挥立法机关的职能，以满足环境资源保护实践的迫切需要。

3．切实提高环境立法的质量

环境立法要注重健全与完善立法的起草、论证、咨询、评估、协调、审议等工作机制。我们要完善立法程序、规范立法活动，以实现环境立法过程的科学化，并增强环境法律的可执行性和可操作性。

环境立法要积极运用专业权威的力量和科学规范的方法，扩大公民有序参与立法的途径，畅通多种立法诉求表达和反映的渠道，着力提高环境立法的精准性和有效性。环境立法还要做到开门立法、尊重民意，持续引导人民群众有效参与立法活动，健全和落实民主、开放、包容的环境立法工作机制，拓宽广大人民群众有序参与环境立法的渠道。我们要更多地依靠人民群众，让他们对环境法律的质量进行评估。通过接受人民群众对环境法律质量的评估，立法机构及其工作人员能从中获得教育，从而切实改进今后的环境立法工作。与此同时，配套的环境法规之制定一定要及时、明晰，以适应法律实施的迫切需要。

4．强化生态保护的立法工作

在加强污染防治领域的立法之同时，我们也要强化生态领域的立法工作，以尽快使污染防治立法与生态保护立法相向而行。我们要通过立法，科学地设置各类自然保护地，建立自然生态系统保护的新体制、新机制、新模式，建设稳定、健康、高效的自然生态系统，为维护国家生态安全和实现社会的可持续发展筑牢基石，为建设美丽中国奠定生态根基。与此同时，我们还要加快其他相关的生态保护法律之立法工作。

5．积极推进相关法律的生态化

在强化环境立法的同时，我们要努力争取立法机关的支持，以实现相关法律的生态化，从而将绿色发展的理念贯彻到所有相关法律之中，以及自然资源开发和利用的各个环节之中。首先，在民法、行政法、经济法、刑法、诉讼法等各部门法的制定和修改工作中，要最大限度地体现绿色理念，防范对环境的污染和生态的破坏，确保各部门法的制定和实施沿着生态文明的轨道前行。其次，我们要注重构建鼓励绿色生产和消费的法律制度，加快推行源头减量、清洁生产、资源循环、末端治理的生产方式，推动形成资源节约、环境友好、生态安全的工业、农业、服务业体系，有效扩大绿色产品消费，倡导形成绿色生活行为，从根本上预防环境污染和生态破坏。最后，要依法建立资源高效利用制度，从而在根本上预防污染和生态破坏。为此，我们要在全面推动相关法律的生态化之理念下，实现资源总量管理和全面节约制度，强化约束性指标管理，实行能源、水资源消耗、建设用地等总量和强度的控制行动，加快建立充分反映市场供求和资源稀缺程度、体现生态价值和环境损害成本之资源环境价格机制，推动资源节约和生态环境保护。

6．加强配套的环境法规和规章之制定

要切实加快配套的环境法规和规章之制定，探索解决法律实施的可操作性问题，努力消除法律实施的"最后一公里"问题，做到法律与配套法规的"无缝衔接"。例如，我们应当加快健全生态监测和评价领域之立法。长期以来，我国的生态环境监测之事权主要在地方，各地区的监测数据指标不一致、技术力量参差不齐，从而使得数据的科学性与权威性难以保证，地方保护主义对环境监测监察执法的干预难以消除，统筹解决跨区域、跨流域的环境问题之迫切要求难以得到满足。为此，需要深化生态环境监测评价改革，创新统一监测和评价技术标准规范，依法明确各地方的监测事权，建立部门间分工合作、有效配合的工作机制，统筹实施覆盖环境质量、城乡各类污染源、生态状况的生态环境监测网络，加快构建全面的生态环境监测网络，客观反映污染治理和生态保护的治理成效，强化对环境污染和生态破坏的成因分析、预测预报和风险评估。与此同时，我们要着力完善能耗、水耗、地耗、污染物排放、环境质量等方面的标准，健全支持绿色产业发展的政策法规，鼓励绿色金融，推进市场导向的绿色技术创新。

7．全面完善生态环境保护法律体系

应当切实完善生态环境保护法律体系，实行最严格的生态环境保护制度。我们要坚持人与自然和谐共生，尊重自然、顺应自然、保护自然，健全源头预防、过程控制、损害赔偿、责任追究的生态环境保护体系。要加快建立健全国土空间规划和用途统筹协调管控制度，统筹划定落实生态保护红线、永久基本农田、城镇开发边界等空间管控边界及各类海域保护线，完善主体功能区制度。我们要构建以排污许可制为核心的固定污染源监管制度体系，完善污染防治区域联动机制和陆海统筹的生态环境治理体系，加强农业农村环境污染防治。

对于我国的生态环境保护法律体系之构建和完善而言，核心是严明生态环境保护责任制度。我们要建立生态文明建设目标评价考核制度，强化环境保护、自然资源管控、节能减排等约束性指标管理，严格落实企业主体责任和政府监管责任。我们要开展领导干部自然资源资产离任审计，推进生态环境保护综合行政执法，落实中央生态环境保护督察制度、生态环境公益诉讼制度，以及生态补偿和生态环境损害赔偿制度，实行生态环境损害责任终身追究制。

要坚定不移地推进环境治理体系与治理能力现代化。为了确保我国的环境法律切实显现成效，在建立健全生态环境保护法律体系的同时，坚定不移地推进环境治理体系与治理能力现代化，全面实现党中央提出的生态文明建设的各项要求。只有这样，才能真正显现出环境立法的有用性和有效性。

参考文献

[1] 史亚东.全球视野下环境治理的机制评价与模式创新 [M].北京：知识产权出版社，2020.

[2] 张新宇.多元化环境治理体系 理论框架与实现机制 [M].天津：天津社会科学院出版社，2021

[3] 廖成中.生态文明视阈下区域环境污染治理政策体系研究 [M].武汉：武汉大学出版社，2019.

[4] 桂芳玲.生态文明视野下的环境法理论与实践发展研究 [M].北京：九州出版社，2020.

[5] 谢国俊，于欣，李永峰，李传慧.环境污染治理新理论与新技术 [M].哈尔滨：哈尔滨工业大学出版社，2021.

[6] 邓海峰.环境法总论 [M].北京：法律出版社，2019.

[7] 李丹.环境治理社会化的法治进路研究 [M].北京：中国政法大学出版社，2020.07.

[8] 王春益.构建现代环境治理体系 [M].昆明：云南教育出版社，2020.

[9] 康丽，曾红艳，凌亢.无障碍环境治理体系构建与实践[M].沈阳：辽宁人民出版社，2021.

[10] 周珂，莫菲，徐雅；苏新建，牛翔，罗薇.环境法 第 6 版 [M].北京：中国人民大学出版社，2021.

[11] 胡乙.多元共治环境治理体系下公众参与权研究 [M].长春：吉林大学出版社有限责任公司，2021.

[12] 任志涛.环境治理主体责任及价值共创研究 [M].北京：中国财政经济出版社，2021.

[13] 陈海峰，齐丹，宋亚丽.生态发展背景下的环境治理与修复研究 [M].天津：天津

科学技术出版社, 2021.

[14] 王辰，李琳，杨玉华 . 环境法与环境政策 [M]. 西安：陕西人民教育出版社, 2020.

[15] 李传轩 . 中国环境法教程 [M]. 上海：复旦大学出版社, 2021.

[16] 范丹 . 环境污染的空间效应与环境治理策略研究 [M]. 北京：中国社会科学出版社, 2020.

[17] 刘长兴，吕忠梅 . 环境法体系化研究 [M]. 北京：法律出版社, 2021.